U0353435

茶　经

（唐）陆　羽　著
戚嘉富　编著

全 国 百 佳 图 书 出 版 单 位
APTIME　时代出版传媒股份有限公司
时代出版　黄 山 书 社

图书在版编目(CIP)数据

茶经／（唐）陆羽著；戚嘉富编著. — 合肥：黄山书社，2015.7
（古典新读·第1辑，中国古代的生活格调）
ISBN 978-7-5461-5140-3

Ⅰ.①茶… Ⅱ.①陆…②戚… Ⅲ.①茶叶-文化-中国-古代 Ⅳ.①TS971

中国版本图书馆CIP数据核字（2015）第175645号

茶经
CHAJING
（唐）陆羽 著　戚嘉富 编著

出 品 人	任耕耘
总 策 划	任耕耘　蒋一谈
执行策划	马　磊　钟　鸣
项目总监	马　磊　高　杨
内容总监	毛白鸽
编辑统筹	张月阳　王　新
责任编辑	马德权
图文编辑	晏一群
装帧设计	李　娜　李　晶
图片统筹	DuTo Time
出版发行	时代出版传媒股份有限公司（http://www.press-mart.com） 黄山书社（http://www.hspress.cn）
地址邮编	安徽省合肥市蜀山区翡翠路1118号出版传媒广场7层　230071
印　　刷	安徽联众印刷有限公司
版　　次	2015 年 10 月第 1 版
印　　次	2015 年 10 月第 1 次印刷
开　　本	710mm×875mm　1/32
字　　数	121千
印　　张	5
书　　号	ISBN 978-7-5461-5140-3
定　　价	26.00 元

服务热线　0551-63533706
销售热线　0551-63533761
官方直营书店（http://hsssbook.taobao.com）

　　《茶经》是世界上第一部关于茶的专著，由唐代著名茶人陆羽所著。世人皆感叹："自从陆羽生人间，人间相学事新茶。"

　　中国茶已有千年历史，而陆羽则以他的眼光和经历让中国茶有了性格和智慧，也让世人有幸领悟到茶的奥妙和生活的真谛。

　　陆羽（733—804年），字鸿渐，一名疾，字季疵，复州竟陵（今湖北省天门）人，生活在中唐时期。陆羽是个孤儿，小时候被竟陵龙盖寺的住持智积禅师收养。陆羽天资聪颖，8岁时就学会了煮茶，侍奉智积禅师。12岁时，他因不愿削发为僧而从龙盖寺逃离，跑到了一个戏班子里学演戏，做了优伶。陆羽其貌不扬，又有些口吃，但是他幽默机智，演丑角极为成功，还编写了三卷笑话书《谑谈》。后来，陆羽因出

众的表演才能受到了竟陵太守李齐物的欣赏。李齐物推荐他到隐居于火门山的邹夫子那里学习。在此，陆羽对茶叶产生了浓厚的兴趣，于是走访各地对茶叶进行考察。陆羽常常独行山野，杖击林木，开辟道路，一边诵经吟诗，一边采茶觅泉，评茶品水。他放弃了学而优则仕的传统文人之路，拒绝从仕，一心事茶，这才著成《茶经》。陆羽被后人尊称为"茶仙""茶神""茶圣""茶颠""茶博士"。元代辛文房《唐才子传·陆羽》中记载："羽嗜茶，造妙理，著《茶经》二卷，时号'茶仙'。"《新唐书·陆羽传》记载："羽嗜茶，著经三篇，言茶之原、之法、之具尤备，天下益知饮茶矣。时鬻茶者，至陶羽形置炀突间，祀为茶神。"

　　《茶经》集唐代茶学之大成，是中国最早的一部茶学百科全书，同时也是世界上第一部茶叶专著，还是第一部全面论述茶艺的书籍。《茶经》的出现，使普通的饮茶活动有了完整的程式，并上升到了技艺的层次。全书分为十个章节，"一之源"主要介绍茶树的起源及茶的性状、名称和品质等；"二之具"主要介绍了各种采茶及制茶用具等；"三之造"记录了茶叶的种类及制作方法；"四之器"则介绍了煮茶及饮茶的各种用具；"五之煮"介绍了水的选择和煮茶的方法；"六之饮"详细描述了饮茶的风俗与方法；"七之事"记述了跟茶有关的故事；"八之出"则论述了名茶的产地及茶叶品质的高低；"九之略"介绍了在一定条件下制茶和饮茶器具的概况；"十之图"则是将以上的九个章节用绢素四幅或六幅写出来张挂。

《茶经》较全面地对唐以前有关茶的各方面内容做了一个较完整的总结，对后来茶叶生产及茶类学发展起到了很重要的推动作用。纵观中国古代文人的茶学著作，我们可以发现，这些著作不但多以《茶经》为基础，而且对其推崇有加。正如宋代文人梅尧臣所言："自从陆羽生人间，人间相学事新茶。"

《茶经》问世后，在各个朝代被流传成百余个版本，并有日、英、俄和韩等语种的译本。美国威廉·乌克斯在 1935 年版的《茶叶全书》中这样写道："中国学者陆羽著述第一部完全关于茶叶之书籍，于是在当时中国农家以及世界有关者，俱受其惠。"

一之源 …………………………… 001

二之具 …………………………… 011

三之造 …………………………… 017

四之器 …………………………… 027

五之煮 …………………………… 045

六之饮 …………………………… 063

七之事 …………………………… 073

八之出 …………………………… 111

九之略 …………………………… 141

十之图 …………………………… 147

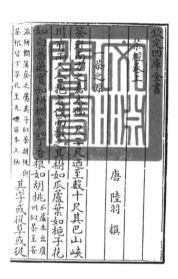

茶經卷上

唐　陸羽　撰

一之源

茶者南方之嘉木也一尺二尺迺至數十尺其巴山峽
川有兩人合抱者伐而掇之其樹如瓜蘆葉如梔子花
如白薔薇實如栟櫚蒂如丁香根如胡桃瓜蘆木出廣
州似茶至苦栟櫚蒲葵之屬其子似茶胡桃與茶根皆下孕兆至瓦礫苗木上抽
其字或從草或從

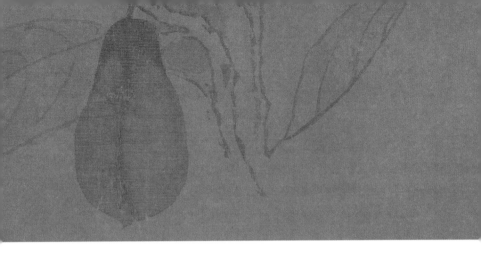

一之源

茶者，南方之嘉木也。一尺、二尺，乃至数十尺。其巴山峡川①，有两人合抱者，伐而掇②之。其树如瓜芦③，叶如栀子，花如白蔷薇，实如栟榈④，蒂如丁香，根如胡桃。其字，或从草，或从木，或草木并。其名，一曰茶，二曰槚，三曰蔎，四曰茗，五曰荈。其地，上者生烂石，中者生栎壤，下者生黄土⑤。凡艺而不实⑥，植而罕茂，法如种瓜，三岁可采。野者上，园者次；阳崖阴林⑦，紫者上，绿者次⑧；笋者上，牙者次⑨；叶卷上，叶舒次。阴山坡谷者，不堪采掇，性凝滞，结瘕疾⑩。

【注释】

①巴山峡川：今重庆东部、湖北西部这一地区。

②掇：采摘。

③瓜芦：中国南方的一种叶似茶叶，而味苦的树。

④栟榈：棕榈。

⑤烂石：矿物质丰富的碎石；栎壤：砂质土壤；黄土：含有大量铁

元素的氧化物的黄色土壤。

⑥艺：种植；实：结实。

⑦阳崖：向阳的山崖；阴林：茂密的森林。

⑧紫者上，绿者次：茶叶以紫色为上品，绿色次之。

⑨笋者上，牙者次：嫩芽为上品，已开展的叶片次之。

⑩结瘕疾：患腹中结块之病。

野生茶树

茶树是多年生常绿木本植物，在植物分类系统中属被子植物门，双子叶植物纲，原始花被亚纲，山茶目，山茶科，山茶属。

著者开篇讲述了何谓茶，包括茶树的产地、外形，以及茶的名称、品质和效用，并介绍和分析了茶字的构成及茶的别称。

茶，原产于中国，故茶树的根在中国。茶树起源于何时很难考证，但我国南方的云南、贵州、四川等地至今还生长着不少野生大茶树。例如，云南省西双版纳傣族自治州勐海县巴达山有超过 1700 年的大茶树。同是在云南的哀牢山中在镇沅县，这里不仅有九甲乡千家寨的原始风光，有神秘独特的苦聪族文化，以及当年马帮行走的山间驿道，更在千家寨的原始森林中，还发现了迄今为止世界上最古老的茶树。经专家考证，这棵大茶树已有 2700 多年的历史。

饮茶之事，始于战国中期的"蜀"地。秦统一巴蜀之后，饮茶开始传播开来的。古代巴蜀最早喜好饮茶的多是文人雅士。在我国文学史上，提起辞赋大家当首推西汉的司马相如与扬雄，他们都是巴蜀人，并且都是早期著名的茶人。司马相如曾作《凡将篇》，扬雄曾作《方言》，他们分别从药用角度和文学角度谈到了茶。历史事实表明，西汉时，成都及其附近一带不但已经成为茶叶消费中心，而且很可能已经形成了最早的茶叶集散中心；秦汉时期乃至西晋时期，巴蜀都是我国茶叶生产和加工的重要中心。

据考证，"茶"的叫法最先出现约在唐宪宗元和年间（806—820 年），后来因为《茶经》的影响才得以传播。而在"茶"的叫法出现之前，则是由其他一些词来指代茶。《神农本草经》中有"茶草""选"，汉赋大家司马相如《凡将篇》中有"荈、诧"，扬雄《方言》中有"蔎"，东汉《桐君录》中有"瓜芦木"，这些指的都是茶。到了唐代，指代茶的字词除"茶"以外，还有 10 多种，如槚、论、诧、苦茶、蔎、荈、茗、选、游冬、皋卢、苦菜等。自从陆羽《茶经》出现之后，在书写上，"茶"字就完全占据了主导地

紫笋茶

　　陆羽所说的"紫者上"指的就是紫笋茶。紫笋茶产于浙江省湖州市长兴县顾渚山，鲜茶芽叶微紫，嫩叶背卷似笋壳。紫笋茶自陆羽发现后成为唐代的贡茶，自唐至明延续八百多年。

位；在读音上，尽管各地方言差别较大，但是，茶的读音都不外乎在"cha"和"te"这两个音上略微变化。而世界各国语言关于茶的读音，也几乎不离这两个音。从"茶"字的演变和世界各地关于茶的读音上看，显而易见，茶原产自中国，中国是名副其实的茶之故乡。

　　茶树的品种多达数百种，一般可分为三大类：一类是乔木型大叶种（野生大茶树为主），最大限度地保持了野生茶树的原始属性，茶气最足，但真正的野生大茶树并不多见；二类为半乔木型大中叶种（栽培过渡型），此类茶树也不多见，以广东潮安凤凰镇为较多，但树龄在二百年以上的茶树也不过仅有三千余株而已。此类茶树很大程度上保持了茶的本质属性，更适合当代人类的体质，是很好的饮品；三类是灌木型中小叶种（人工种植型），此类茶树数量最多，已被人类彻底驯化，虽然茶气不足，但是产量高，饮用与养生效果都很好，是当代生活中不可或缺的饮品。

　　陆羽在描述茶的性状时，虽然不能做到像现代植物分类学上那样精准，却已经相当科学了。他说，茶树的叶片像栀子花的叶片，花如白蔷薇，果实像棕榈，蒂和丁香相似，根和胡瓜一样都能生出新芽来。这种全面描述株型和花、叶、果的形状特征，以对植物进行区分

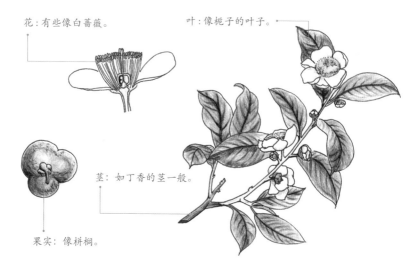

花：有些像白蔷薇。

叶：像栀子的叶子。

茎：如丁香的茎一般。

果实：像栟榈。

茶叶植物形态示意图
茶树是由根、叶、茎、花、果实等不同的器官组成。
陆羽在《茶经》中根据其形态分别形容为不同的植物。

的方法，正是现代植物学分类要考察的最主要的几个性状。

　　良好的生态环境是生长好茶的先决条件。在种植环境方面，陆羽通过考察认为，最好的生长环境是腐草朽木覆盖的"烂石"上，生长在沙土中的要次一些，生长在黄土中的最次。茶树种植的方法类似于种瓜，三年后即可采芽。一般来说，野生的要比园栽的好。在向阳的山崖上覆盖着林木的区域里，芽色泛紫的较好，绿色的较次（这跟唐朝的蒸青团茶有关）；芽头像竹笋一样的较好，像犬牙一样的较次；初生卷起的芽叶较好，舒展开来后的较次。背阴的山坡上的茶树，其叶非常次，不适合采摘和烹饮。

　　好茶的产地多是山水秀丽、土壤肥沃之地，像西湖龙井、碧螺春、太平猴魁、六安瓜片等茶的产地莫不如此。特殊的土壤、温度、湿度、日照时间等自然环境再加上优良的树种，成就了诸多闻名天下的好茶。曾有专家提出南茶北种，甚至提出将茶种到东北去，但即使利用科技的力量把茶树栽培成功，也是"叶徒相似，其实味不同"。

茶之所以具有养生功效，是由茶叶的内含物质决定的。茶树叶片所含的物质多达 11 大类，细分有上百种。它们决定着茶叶的香气、滋味、颜色以及营养保持、防治疾病功效等。其中所含营养成分有蛋白质、氨基酸、类脂类、糖类、维生素和矿物元素等；而茶中所含的茶多酚、咖啡碱等物质又具有多种药理作用。

构成茶特性的主要物质是两类：一类是"茶多酚"，又称"茶单宁"，有收敛、止痛、杀菌和防辐射的功能，约占内质总量的20%—30%，这是茶的主要物质，其中儿茶素又占茶多酚的 70% 以

武夷山人工茶园

上；另一类是生物碱，约占内质总量的 3%—5%，包括咖啡碱、茶碱、可可碱。咖啡碱有助消化，并有减轻神经疲劳、利尿的作用。特别是它与多酚类物质复合使它具有咖啡碱的一切药效而无咖啡碱的副作用。如果茶叶中没有茶多酚和咖啡碱，那就不能称为茶了。

茶之为用，味至寒，为饮，最宜精行俭德①之人。若热渴、凝闷、脑疼、目涩、四支烦、百节不舒，聊四五啜②，与醍醐、甘露③抗衡也。采不时，造不精，杂以卉莽，饮之④成疾。茶为累也，亦犹人参。上者生上党，中者生百济、新罗，下者生高丽⑤。有生泽州、易州、幽州、澶州⑥者，为药无效，况非此者？设服荠苨⑦，使六疾不瘳⑧，知人参为累，则茶累尽矣。

【注释】

①精行俭德：陆羽算是半个禅门子弟。他曾经是个弃婴，被竟陵龙盖寺智积禅师抱回寺内，却不肯出家，却常颂佛经，并与皎然等和尚成为缁素生死之交。在智积禅师圆寂后，他动情地写出了"千羡万羡西江水，曾向竟陵城下来"的句子。这里的"精行"指佛家的"精进修行"。

②聊四五啜：略微饮几口。

③醍醐：酥酪上凝聚的油，味甘美；甘露：露水。

④采不时，造不精，杂以卉，莽饮之：采摘不合时节、制法不够精良、

夹杂着野草败叶、喝得太多。

⑤上党: 今山西省南部; 百济: 今朝鲜半岛西南部; 高丽: 今朝鲜北部。

⑥泽州: 今山西省晋城; 易州: 今河北省易县; 幽州: 今北京; 澶州: 今北京密云。

⑦荠苨: 又名"地参", 一种草药。

⑧瘳 (chōu) : 病愈。

【解读】

　　此则讲述了茶的功效。陆羽认为, 茶的本质是味苦性寒。世界上最早由国家制定颁布的药典《唐本草》记载: "茶味甘苦, 微寒无毒。"明代著名医学家李时珍在《本草纲目》中指出: "茶苦而寒。"古人的这一结论是有局限性的, 因为当时是以蒸青绿茶为主, 即使到了明代, 也是以炒青绿茶为主, 而这种绿茶恰恰最大限度保持了茶的本质属性。

　　茶只要饮用得当, 会具有草药的功效, 不但能祛除疾病, 还能陶冶情操。醍醐、甘露皆为古人心中最美妙的养生饮品, 这里以茶比之, 可见陆羽对茶的推崇。古代虽然没有高超的科技手段来检测茶的功效, 但有大量事实证明, 喝茶确实能够养生。历史上很多长寿之人都喜饮绿茶, 如史书记载唐代一位老人活了 100 多岁, 皇帝派人向他请教长寿的原因, 老人回答"唯嗜饮茶"。清朝乾隆皇帝酷爱饮茶,

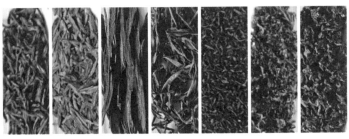

品种繁多的绿茶

活了88岁，是中国历史上最长寿的皇帝。

当然，茶叶还讲究产地的地道，讲究加工和饮用的方法，如果"造不精，杂以卉，莽饮之"，则不但无益，还可能对身体有害。现在很多人谈茶的功效只说好处，不说缺点，陆羽不愧为茶圣，非常全面地指出茶的功效。

西湖龙井

龙井茶属绿茶，产于杭州市风景优美的西子湖畔，色泽翠绿光润，外形扁平光滑挺直，汤色碧绿明亮，香气鲜嫩清高，滋味甘醇鲜爽，向有"色绿、香郁、味醇、形美"四绝之誉。清代乾隆皇帝六次下江南，四次游历龙井茶区，品茶作诗，赐封狮峰山下胡公庙前十八棵茶为"御茶"。

茶性与人体适应表		
茶 类	茶 性	适应人群
绿茶	本性寒	体质偏热、胃火盛、精力充沛者饮用绿茶有很好的清火、醒脑、提神功效。绿茶有很好的防辐射效果，对在电脑前工作的人非常有益。
白茶	寒转凉	新茶属性与功效大致和绿茶相同，适用人群也与绿茶相同，差异之处在于：绿茶的陈茶是草，白茶的陈茶是宝。
黄茶	改造寒	黄茶属性与功效大致与绿茶相同，适用人群也与绿茶相同，它与绿茶的最大差别是在口感上，绿茶清爽，黄茶醇厚。
青茶（乌龙茶）	寒转平	青茶属性变化丰富，由酶促发酵程度的轻重而决定。发酵轻的与绿茶相近，发酵重的与红茶相近，适应人群较广。
红茶	酶促寒转温	胃寒、体弱、年龄偏大者适用，四肢酸懒、手足发凉者饮之尤佳。可加奶或蜂蜜调饮，口味更好。
黑茶	发酵寒转温	去油腻、解肉毒、降血脂，新茶不宜饮用，如保存得当，年头越长则口感与疗效越好。

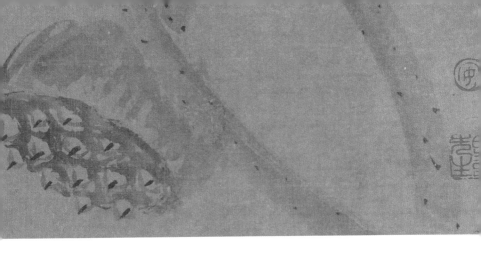

二之具

籯①，一曰篮，一曰笼，一曰筥。以竹织之，受五升，或一斗、二斗、三斗者，茶人负以采茶也。

灶②，无用突者。

釜③，用唇口者。

甑④，或木或瓦，匪腰而泥，篮以箅之，篾以系之。始其蒸也，入乎箅；既其熟也，出乎箅。釜涸，注于甑中。又以榖木枝三桠者制之，散所蒸牙笋并叶，畏流其膏。

杵臼⑤，一曰碓，惟恒用者佳。

规⑥，一曰模，一曰棬，以铁制之，或圆，或方，或花。

承⑦，一曰台，一曰砧，以石为之。不然，以槐桑木半埋土中，遣无所摇动。

檐⑧，一曰衣，以油绢或雨衫、单服败者为之。以檐置承上，又以规置檐上，以造茶也。茶成，举而易之。

芘莉⑨，一曰籯子，一曰篣筤。以二小竹，长三尺，躯二尺五寸，柄五寸。以篾织方眼，如圃人土罗，阔二尺以列茶也。

棨⑩，一曰锥刀。柄以坚木为之，用穿茶也。

朴⑪，一曰鞭。以竹为之，穿茶以解茶也。

焙⑫，凿地深二尺，阔二尺五寸，长一丈。上作短墙，高二尺，泥之。

贯⑬，削竹为之，长二尺五寸，以贯茶焙之。

棚⑭，一曰栈。以木构于焙上，编木两层，高一尺，以焙茶也。茶之半干，升下棚；全干，升上棚。

穿⑮，江东、淮南剖竹为之。巴川峡山纫穀皮为之。江东以一斤为上穿，半斤为中穿，四两五两为小穿。峡中以一百二十斤为上穿，八十斤为中穿，五十斤为小穿。穿字旧作钗钏之"钏"字，或作贯穿。今则不然，如"磨、扇、弹、钻、缝"五字，文以平声书之，义以去声呼之，其字以"穿"名之。

育⑯，以木制之，以竹编之，以纸糊之。中有隔，上有覆，下有床，旁有门，掩一扇。中置一器，贮糖煨火，令煴煴然。江南梅雨时，焚之以火。

【注释】

①籯（yíng）：又称"篮""笼""筥"，由竹子编制而成，可大可小，是采茶时用来装茶叶用的。

②灶：古代用砖石砌成的用于生火做饭的设备，这里是煮茶的用具。为了让火力集中于锅底，陆羽建议不要用有烟囱的。

③釜：即锅，陆羽指出要用锅口有唇边的。

④甑（zèng）：古代蒸饭用的器具。蒸茶用的甑，以木制或陶制为佳，腰部箍有竹篾，并以细泥封好；甑中放入竹篮作为箅子，开始蒸茶的时候就把摊放了茶叶的箅子放入甑中，蒸熟了以后再把箅子从里边取出来，看上去有点类似于现在蒸小笼包的一套器具。

⑤杵臼：又可称为"碓"，古代舂米或药物用的棒槌与石臼，以经常使用的为好。明代朱权的《臞仙神隐》中曾载："茶臼，檀木为之，大概取其声。予尝为诗，谓'松下岛茶惊鹤梦'耳。"

⑥规：又称"模"或"棬"（quān），指模具，用以将茶压紧，制成一定的形状。规以铁制成，有的为圆形，有的为方形，有的像花的形状。

采茶用草帽、竹篓

捣茶用的杵臼

⑦承：又称"台"或"砧"（zhēn），指切物或捣物用的台子，以石制成，
　　如果用槐树、桑树木材制作，则要将下半截埋进土中，不让它摇动。
⑧檐：又称"衣"，可用油绢或穿坏了的雨衣和单衣充当。在制茶
　　时，将"檐"放于承上，再在檐上放模，用来制造压紧的饼茶。
　　压成一块饼后，收起，另换一个模型继续做。
⑨芘莉：又称"嬴子"或"篣筤"，用竹篾编制，形状像筛子，但是有柄，
　　是摊放茶叶用的，有些是专门做蒸青用的。
⑩棨（qǐ）：又称"锥刀"，有木柄，用来给饼茶穿洞眼。
⑪朴：又称"鞭"，用竹子做成，用来穿茶，以便搬运。
⑫焙：就是在地下挖个深二尺、阔二尺五寸、长一丈的窨子，上面砌墙，
　　墙高二尺，并用细泥抹平，用来烘焙茶叶。
⑬贯：以竹子削制而成，长二尺五寸，用来穿茶烘焙。
⑭棚：又称"栈"，是一种用木制成的架子，放于焙上，分为上下两层，
　　两层相距约一尺，用来烘焙茶。茶半干时，由架底升至下层；全干时，
　　升至上层。
⑮穿（chuàn）：贯串茶饼的线绳，以江东、淮南劈篾或巴山、峡川
　　的构树皮制成。江东、淮南地区将一斤茶饼称为"上穿"，半斤
　　茶饼称为"中穿"，四两、五两（十六两制）茶饼称为"下穿"。
　　巴山、峡中地区则称一百二十斤茶饼为"上穿"，八十斤茶饼为"中
　　穿"，五十斤茶饼为"小穿"。
⑯育：存放茶饼的器具，一般是在江南梅雨季节时，对茶叶加火除
　　湿之用。育以木材制成框架，竹篾编织外围，再用纸裱糊，中间
　　设有火盆，盛有炭火灰。

【解读】

　　《二之具》介绍了采茶和制茶用的工具及使用方法。"工欲善
其事，必先利其器"，古人向来对工具极为重视。因此，陆羽在这
一篇中作了详述。

　　唐代及唐代以前，茶叶以饼茶为主流。饼茶就是将茶叶经过适
度发酵、蒸压、定型而成的饼状紧压茶。在陆羽生活的时代，饼茶
甚为流行，且饼茶的生产已具有一定的规模，这从《茶经》中所载
的这些采制工具便可看出。在《茶经》问世之前，茶是与饭食同煮

饼茶

的，很少单独饮用。陆羽认为这样的煮法掩盖了茶叶原有的清香味道，遂提出直接清饮的饮茶方法。即是饮茶之前，先将团茶碾碎，不加任何配料，直接用沸水煮，以享受茶的天然味道。同时也对传统制茶方式做了改进，认为用春天的嫩芽叶比用老叶好，采摘后用蒸青法杀青，然后搓成泥末，再拍打成饼，放入温火中焙干。用现代的标准来看，陆羽所提饼茶是一种蒸青紧压茶，经过蒸青、烘焙等工序后，饼茶的味道比鲜叶好了很多。

　　陆羽所介绍的这些器具只针对于传统饼茶，今人早已极少使用，故不赘述。

三之造

凡采茶，在二月、三月、四月之间。茶之笋者，生烂石沃土，长四五寸，若薇蕨①始抽，凌②露采焉。茶之芽者，发于丛薄③之上，有三枝、四枝、五枝者，选其中枝颖拔者采焉。其日有雨不采，晴有云不采；晴，采之，蒸之，捣之，拍之，焙之，穿之，封之，茶之干矣。

【注释】

①薇蕨：薇和蕨都是野菜。《诗经·小雅》有"采薇"篇，"薇，菜也"。《诗经》又有"言采其蕨"句，"蕨，山菜也"。二者均在春季抽芽生长。

②凌：冒着。

③丛薄：灌木、杂草丛生的地方。扬雄《甘草同赋注》："草丛生曰薄。"

【解读】

《三之造》介绍了蒸青绿茶的采制、加工、分类及鉴别方法。

首先，采茶讲究时节，一般在农历二月、三月、四月间。如笋

晴天采茶

般的芽叶生长于有风化石碎块的土壤之中，长达四至五寸，犹如刚刚破土的薇蕨嫩茎。采摘时一定要在清晨，带着露水的最好。陆羽在这里讲的茶为当时特别受推崇的紫笋茶，因为只有生长在"烂石沃土"中的野生紫笋茶，才会出现"长四、五寸，若薇蕨始抽"的现象。出现这种现象，一般是在谷雨前后从老枝根部萌生的新枝嫩芽。次一等的茶芽叶发于草木夹杂的茶树枝上，从一老枝上发出三枝、四枝、五枝，采摘其中挺拔者。

　　唐代民间采茶是十分艰难的。唐代皇甫冉《送陆鸿渐栖霞寺采茶》写南京茶事："采茶非采菉，远远上层崖。布叶春风暖，盈筐白日斜。旧知山寺路，时宿野人家。借问王孙草，何时泛碗花？"大意是说，采茶比采绿草难得多，远远爬上高高的山崖，遍布的芽叶感受春风的暖意，茶筐装满日头西斜，知道曾经的路径，借住在

捣茶

野外茅棚人家。不知道这茶叶，何时能够成为清幽的茶水？

　　茶叶发展至今，种类渐丰，不同品类的茶有自己特定的采摘时间与采摘部位，并不都是采摘时间越早、采摘部位越嫩就越好。以十大名茶之一的六安瓜片来说，制作它的最佳原料是谷雨前几天的第二片叶子，如是产在齐头山上的被称为"齐山名片"，是瓜片中的极品。相反的，最嫩的芽头部分被拿来加工成另一款茶——金寨翠眉，但无论是名气还是口感，都比瓜片要差得多。

　　其次，采茶还讲究天气和时辰。采茶宜在晴天进行，最好是万里无云的大晴天，连多云都不可以。这样的讲究在今天也是一样的，因为雨天或阴天，茶叶中所含物质会影响茶的香气。尤其是乌龙茶，还要求是在连续晴朗的天气里采摘，这样茶叶中形成乌龙茶香气的物质会大大增加。至于采摘的时辰，乌龙茶以午后12时至下午4时以前所采茶青为最佳。这样茶叶中所含水分较少，又有充分的晒青时间，容易制出品质优异的好茶。

焙茶

陆羽在这里总述了饼茶加工的六道工序：

蒸熟，是指制作贡茶时，鲜叶在加工前要放在水里浸泡、洗涤，然后才放在蒸笼里蒸。一是可去除叶片上沾染的灰尘，二是降低茶叶的苦涩感。

捣碎，是指为了确保茶味不涩，蒸好的茶叶在捣碎前还得先压榨去汁，才能放入瓦盆内捣烂、研细。

入模拍压成形，是将茶膏倒入茶模中。由于模子形状不一，故团茶的形状有多种。拍压需在石制的承台上进行，先将襜布放在承台上，将茶膏倒入模中，将模子放在襜布上，不断拍击，使其结构紧密坚实。成形后，拉起襜布即可取出茶团。

焙干，是指拍压成形后的团茶要马上进行烘焙，以防变质。

穿成串，即将烘焙后的团茶用锥刀、竹条串在一起，称为"一穿"。对于"一穿"的具体重量各地不一。

封袋，制好的饼茶必须及时、正确封装储存。封装好的茶叶一般放在封藏器物中，保持干燥。

　　唐人皮日休的《茶舍》一诗对湖州顾渚山做茶的场面有具体描写："阳崖枕白屋，几口嬉嬉活。棚上汲红泉，焙前蒸紫蕨。乃翁研茗后，中妇拍茶歇。相向掩柴扉，清香满山月。"意思是，在靠着山崖的茅屋里，几个人高高兴兴在制茶，有的汲水，有的蒸茶。一位老人将蒸煮后的茶叶捣碎，一位中年妇女把茶做成饼茶。他们做好茶叶关门收工时，已是茶叶飘香，月色映满山。

　　茶有千万状，卤莽而言①，如胡人②靴者，蹙缩然；犎牛③臆④者，廉襜⑤然；浮云出山者，轮囷⑥然；轻飙拂水者，涵澹然。有如陶家之子罗⑦，膏土以水澄泚之。又如新治地者，遇暴雨流潦之所经。此皆茶之精腴。有如竹箨⑧者，枝干坚实，艰于蒸捣，故其形籭簁⑨然；有如霜荷者，茎叶凋沮，易其状貌，故厥状委悴然。此皆茶之瘠老者也。

　　自采至于封七经目，自胡靴至于霜荷八等。或以光黑平正言佳者，斯鉴之下也；以皱黄坳垤⑩言佳者，鉴之次也；若皆言嘉及皆言不嘉者，鉴之上也。何者？出膏者光，含膏者皱；宿制者则黑，日成者则黄；蒸压则平正，纵之则坳垤。此茶与草木叶一也。茶之否臧⑪，存于口决。

【注释】

①卤莽而言：粗略地讲。

②胡人：唐代的胡人指的是深目高鼻或高加索人种的西域人。

③犎（fēng）牛：一种野牛，背上有突起，犹如驼峰。

④臆：胸，这里指牛胸部至肩部位的肉。

⑤廉襜：侧面的帷幕。

⑥轮囷：盘曲的样子。

⑦子罗：陶匠筛出的细土。

⑧竹箨（tuò）：竹笋的外壳。

⑨籧篨：箩筛、竹筛。

⑩坳垤：土地低下处称为"坳"，小土堆称为"垤"。形容饼茶表
　面的凸凹不平。

⑪否（pǐ）臧：否，恶；臧，善。这里指好坏。

【解读】

　　陆羽将饼茶的外形分成八种类型，有的像胡人的靴子，向内皱
缩；有的像牛的胸部，褶痕向外；有的像浮云出山，盘旋曲折；有
的像轻风拂水，微波四散；有的像是制陶人家筛下的黏土，经过清
水沉淀后细润光滑；有的又像新开垦的土地，被暴雨急流冲刷后形
成一条条沟壑，这些都是品质好的饼茶。而有的茶如同笋壳，枝梗
坚硬，极难蒸捣，所以制成的饼茶形状像竹筛；有的像经过霜打的

形体平整的饼茶

饼茶压制

荷叶，茎叶凋败，样子都改变了，所以制成的饼茶外貌枯干，这些都是坏茶、老茶。

陆羽认为，在给饼茶做品质鉴定时，把黑泽、光亮、形体平整作为好饼茶的标志，这是下等的鉴别方法；有的把形体多皱、色泽黄褐、凸凹不平作为好饼茶的特征，这是次等的鉴别方法。如果既能指出品质好的原因，又能指出品质差的原因，这才是最会鉴别饼茶的。为何这样说呢？表面光亮的饼茶，是因为茶汁流到茶饼外面，而表面有褶皱的饼茶是因为茶汁含在茶饼里了；夜晚做的饼茶就发黑，白天做的就发黄；而蒸压过的饼茶就平整，没有蒸压的就会高低不平。所以，鉴别饼茶的好坏，不能仅仅用"好"或"不好"来论断。

当然，陆羽对茶所作的品鉴局限于饼茶。今人在买茶叶时，主要分为干茶审评和开汤审评。干茶审评要看茶叶外形的整碎、条索、色泽、净度四个方面；开汤审评要看汤色、香气、滋味、叶底四个方面。

干茶审评	方法
整碎	看干茶的外形是否匀整。从优到差一般分为匀整、较匀整、尚匀整、匀齐、尚匀等级别。
条索	各类茶都有一定的形状特点。一般长条形的茶要看松紧、弯直、圆扁、轻重等方面；圆形茶要看松紧、匀正、空实等方面。
色泽	茶叶表面的颜色、色泽深浅及光亮度。各种茶叶都有一定的色泽要求，如绿茶应翠绿、乌龙茶应呈青褐色、黑茶应黑褐或油黑等。
净度	茶叶含有杂质物的多少。优质茶叶一般不含杂质。

开汤审评	方法
汤色	茶叶成分溶解于沸水反映出的茶汤色泽，主要看色度、亮度、清浊度三个方面。为避免色泽变化，审评时闻香与观色环节结合进行。
香气	茶叶冲泡后随水蒸气挥发出来的气味。茶艺师除辨别香型外，还要比较香气的纯异、高低、长短。香气纯异指所闻到的香气是否夹杂其他异味；香气高低可用浓、鲜、清、纯、平、粗来区别；香气长短即香气的持久性。优质茶叶香气纯高持久。
滋味	茶汤的口感。审评时要区别滋味是否纯正。茶汤滋味纯正的又可细分浓淡、强弱、鲜爽、醇和等。不纯正的滋味可细分为苦涩、粗青、异味等。优质茶叶滋味浓而鲜爽，刺激性强或具有收敛性。
叶底	冲泡后舒展开的茶渣。审评时看叶底老嫩、色泽、均齐度、柔软性等。通常情况，优质茶叶叶底嫩芽多且肥厚，质地柔软，色泽明亮，叶形匀齐。

茶香

四之器

风炉（灰承）以铜铁铸之，如古鼎形，厚三分，缘阔九分，令六分虚中，致其圬墁①。凡三足，古文书二十一字。一足云："坎上巽下离于中②。"一足云："体均五行去百疾。"一足云："圣唐灭胡明年铸。"其三足之间，设三窗。底一窗以为通飙漏烬③之所。上并古文书六字，一窗之上书"伊公④"二字，一窗之上书"羹陆"二字，一窗之上书"氏茶"二字。所谓"伊公羹，陆氏茶"也。置墆㙲于其内，设三格：其一格有翟⑤焉，翟者，火禽也，画一卦曰"离"；其一格有彪焉，彪者，风兽也，画一卦曰"巽"；其一格有鱼焉，鱼者，水虫也，画一卦曰"坎"。巽主风，离主火，坎主水，风能兴火，火能熟水，故备其三卦焉。其饰，以连葩、垂蔓、曲水、方文之类。其炉，或锻铁为之，或运泥为之。其灰承⑥，作三足铁盘抬之。

【注释】

①垲墁：涂饰、粉刷墙壁。

②坎上巽下离于中："坎卦"代表水，"巽卦"代表风，"离卦"代表火。

③通飙漏烬：通风漏灰。

④伊公：商代伊尹的尊称。伊尹，商代杰出的思想家、政治家、军事家，
被誉为"中国历史上第一位贤能相国"。伊尹最初是因为善于烹
饪才被商汤看中的，因而后人尊为"中华厨祖"。

⑤翟（dí）：野鸡。

⑥灰承：承放炉灰的器具。

【解读】

　　《四之器》详细叙述了二十八种煮茶和饮茶用具的名称、形状、
用材、规格、制作方法、用途，以及器具对茶汤品质的影响等，还
论述了各地茶具的好坏及使用规则。

　　唐代是一个非常开放的历史时期，经过开国几代帝王的励精图
治，物质财富达到了鼎盛期。人们生活富裕，对精神生活的需求日
益加剧。此时的饮茶已不仅停留在粗放式解渴、药饮的层面，人们
追求的是艺术化的过程，即品饮阶段。唐代的茶叶种植面积大增，
产量也大幅度提高，出现了不少名茶。同时，朝廷还在顾渚（今宜
兴）设立了贡茶院，专门派人监督加工贡茶。当时官员如果政绩颇佳
或做出了杰出的贡献，以及外番来朝，都会受到大唐天子的赐茶礼
遇。在这种不论贵贱普遍饮茶的背景下，茶店、茶铺渐多，茶叶消
费推动了茶具的发展。唐代茶具种类繁多，造型繁复，且很精致，
还出现了相当完备的组合茶具，即陆羽在《茶经·四之器》中提到
的 28 种茶具，这是世界上最早、最完备的组合茶具。

　　1987 年 4 月，陕西省扶风县法门寺地宫被打开，其内藏有众
多唐代文物珍品，仅制作精良的金银器就有 121 件。这其中包括
了金银茶具、秘色瓷茶器、玻璃茶器。其中整套的金银饮茶用具是

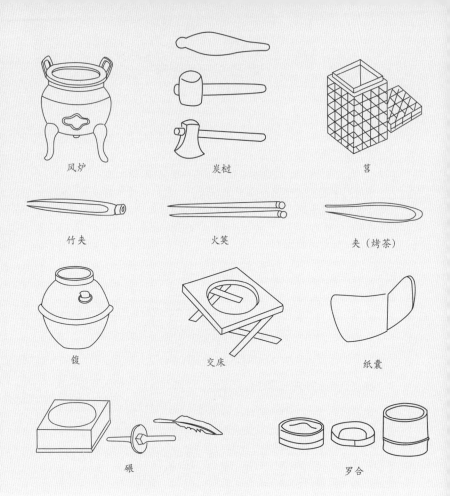

风炉 炭杖 莒

竹夹 火筴 夹（烤茶）

镀 交床 纸囊

碾 罗合

陆羽设计的茶具示意图（一）

中国最早、最完备的宫廷系列茶具实物。这套茶具是唐咸通十五年（874年）封存的，到出土时已有1120年历史。

　　在这一章节，陆羽介绍最为详细的是他设计的风炉。唐代以前，人们称煮茶的用具为"鼎"，晋代左思的《娇女诗》中就有这样的记载："止为茶菽据，吹吁对鼎䥶。"到了唐代，陆羽的《茶经》中就规范了饮茶的器具，将鼎称之为"风炉"。风炉即专用于煮茶的炉子，以铜、铁和银等材料铸造而成，形如古鼎，三足而立，炉

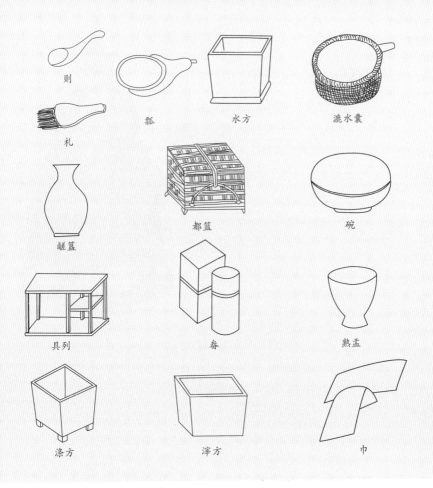

则　　瓢　　水方　　漉水囊

札　　都篮　　碗

鹾簋　　具列　　畚　　熟盂

涤方　　滓方　　巾

陆羽设计的茶具示意图（二）

内有厅，可放置炭火。风炉又称"茶鼎""茶炉""茗炉"等，有部分石质的风炉称为"商象"，竹质的则称为"竹茶""苦节君"等。宋代时候，由于斗茶风盛行，便出现了竹茶炉，为的是其小巧，便于携带。最早的图形见于刘松年的《茗园赌市图》中。除了石质和竹质的以外，还有陶质的、泥瓦质的和金属质的风炉等。清初时也有人称茶炉为"茶灶"。到了近现代，由于现代能源的开发和金属制品的发展，油炉、酒精炉、电炉等应运而生。

陆羽设计的风炉的三足上分别书写着"坎上巽下离于中""体均五行去百疾""圣唐灭胡明年铸"。八卦中，坎代表水，巽象征风，离指示火，所以，"坎上巽下离于中"的意思就是炉下进气、炉中烧火、炉上煮水；"体均五行去百疾"的意思是金、木、水、火、土五行在这个炉子上都表现了出来，饮茶有均衡五行的作用，可以去除百病；"圣唐灭胡明年铸"的意思是炉子是在平定安史之乱后的第二年（764年）铸造的。在三足之

银风炉

间分别有一个小窗口，分别写有"伊公""羹陆"和"氏茶"，陆羽把自己跟商代初年善于调配汤羹的伊公并论，非常自信。炉子三足中间的底下还有一个用来透气和去除灰烬的小窗口。炉上放置水壶用的"墆㙽"上也分成三格，分别绘有象征火禽的野鸡"翟"，象征风兽的"彪"，象征水虫的"鱼"及代表它们的卦相。意思就是，风吹动火，让火更大，火大则能把水烧开。在这些图案的周围再画上连葩、垂蔓、曲水、方形纹以作修饰。现代，仍有极少数人向往古人的"围炉煮茗"而使用风炉。

笤①，以竹织之，高一尺二寸，经阔七寸。或用藤，作木楦如笤形织之，六出圆眼。其底盖若箱箧②口，

铄之。

炭挝③，以铁六棱制之，长一尺，锐上丰中，执细头系一小钑镊，以饰挝也。若今之河陇军人木吾④也。或作锤，或作斧，随其便也。

火筴⑤，一名筯，若常用者，圆直一尺三寸，顶平截，无葱台勾锁⑥之属，以铁或熟铜制之。

锼⑦，以生铁为之。今人有业冶者，所谓急铁。其铁以耕刀之趄⑧，炼而铸之。内模土而外模沙。土滑于内，易其摩涤；沙涩于外，吸其炎焰。方其耳，以正令也。广其缘，以务远也。长其脐，以守中也。脐长，则沸中；沸中，则末易扬；末易扬，则其味淳也。洪州⑨以瓷为之，莱州⑩以石为之。瓷与石皆雅器也，性非坚实，难可持久。用银为之，至洁，但涉于侈丽。雅则雅矣，洁亦洁矣，若用之恒，而卒归于银也。

交床⑪，以十字交之，剜中令虚，以支锼也。

夹⑫，以小青竹为之，长一尺二寸。令一寸有节，节以上剖之，以炙茶也。彼竹之筱，津润于火，假其香洁以益茶味，恐非林谷间莫之致。或用精铁熟铜之类，取其久也。

纸囊⑬，以剡藤纸⑭白厚者夹缝之。以贮所炙茶，使不泄其香也。

【注释】

①筥：用来盛放风炉的器具，用竹子或藤编织。

②筲（lì）筐：竹箱。

③炭挝：碎炭工具，一般为铁制。外形一端尖锐，中部丰满，握手处有一小环，用来装饰，有斧形和锤形。

④木吾：木棒。

⑤火䇲：夹炭火的用具，以铁或熟铜制作而成。

⑥葱台勾𨱏：葱台，葱的籽实，位于葱的顶部，圆珠形；勾𨱏，弯曲形。

⑦镀：即大口釜，重要的煎、煮茶用具，可用铁、银、石、瓷制作，茶末入内煎煮。

⑧耕刀之趄：耕刀，即锄头、犁头。趄，艰难行走。此处指坏的、不好用的。

⑨洪州：唐代州名，位于今江西南昌。

⑩莱州：唐代州名，位于今山东掖县。

⑪交床：承放镀的架子。

⑫夹：又称"茶钤"或"箝"，夹茶饼就火炙烤之用。以小

竹筥（图片提供：微图）

煮茶之镀

青竹制作最佳，因竹与火接触会产生清香味，有益于茶味，也可用铁、铜制作。

⑬纸囊：烤好的茶饼用纸囊包装，以剡藤纸制作最佳，有助于保持烤茶的清香。

⑭剡藤纸：唐代产于浙江剡县，是用藤为原料制成的纸，质地极佳，洁白而有韧性，是唐代包装饼茶的专用纸。

【解读】

　　这几则讲的是煎茶时炙茶的器具，即烘焙茶叶的用具。炙茶的目的是要将饼茶在存放过程中自然吸收的水分烘干，用火来烤出茶叶自身固有的香味。饼茶的重要特点是含水量比叶、片、碎、末茶都高，而且在存放过程中还能自然吸收水分，所以在饮用之前要先将其放在火上烤，烘干茶内水分以逼出茶的香味来。

　　唐代十分重视炙茶，宋代以后则只有隔年的陈饼茶才会炙烤，后来此法渐渐消失。宋代蔡襄《茶录》载："茶或经年，则香、色、味皆陈。于净器中以沸汤渍之，刮去膏油一两重乃止，以钤箝之，微火炙干，然后碎碾。若当年新茶，则不用此说。"

碾①，以橘木为之，次以梨、桑、桐、柘为之。内圆而外方。内圆备于运行也，外方制其倾危也。内容堕而外无余木。堕，形如车轮，不辐而轴焉。长九寸，阔一寸七分。堕径三寸八分，中厚一寸，边厚半寸，轴中方而执圆。其拂末②以鸟羽制之。

四之器

罗合，罗末③以合盖贮之，以则置合中。用巨竹剖而屈之，以纱绢衣之。其合以竹节为之，或屈杉以漆之，高三寸，盖一寸，底二寸，口径四寸。

则④，以海贝、蛎蛤之属，或以铜、铁、竹匕、策之类。则者，量也，准也，度也。凡煮水一升，用末方寸匕。若好薄者，减之；嗜浓者，增之。故云"则"也。

【注释】

①碾：碾茶饼为茶末，可用金银、石、瓷或木质等材料制作。
②拂末：用来扫拂茶粉的羽毛刷，碎茶的辅助工具，也可以清洁茶具。
③罗末：以罗筛茶粉，以盒承装用罗筛过的茶末。
④则：度量茶末的器具，可用海贝、蛤蜊、铜、铁、竹制作。

【解读】

这几则讲的是碾末和筛茶所用的器具。饼茶冷却后，需放到碾上碾碎成粉末状待用。

鎏金银茶碾（唐）

茶碾又称"金法曹"，是古代一种碎茶工具。由碾槽和碾轮两部分组成，质地有梨木、橘木、金银、熟铁、陶质、石质等。宋代宋徽宗赵佶的《大观茶论》载："碾以银为上，熟铁次之，生铁者非掏拣捶磨所成，间有黑屑藏于隙穴，害茶之色尤甚，凡碾为制，槽欲深而峻，轮欲锐而薄。槽深而峻，则底有准而茶常聚；轮锐而薄，则运边中而槽不戛。"

鎏金银茶罗（唐）

罗合又称"茶罗"或"罗枢密"，也称"筛子"或"罗子"，是用来筛茶的用具，由罗和盒两部分组成。其多为竹制成，筛面为纱或绢质，盒则多为木或竹质。罗合用法是先将饼茶碾碎后，用罗筛，筛下的茶末就放在盒内备用。明代朱权的《茶谱》中载："碾茶为末，置于磨令细，以罗罗之。"又载："茶罗，径五寸，以纱为之，细则茶浮，粗则水浮。"

茶则

茶则又称"茶匕""茶匙子"或"撩云"，是用来量取茶叶用量的工具，一般用贝壳、兽角、铜、铁或竹木制作而成，也有少数用金、银或玉制成。投茶时，若好淡者则减之，嗜浓者则增之，故云"则"。

水方①，以稠木、槐、楸、梓等合之，其里并外缝漆之，受一斗。

漉水囊②，若常用者，其格以生铜铸之，以备水湿，无有苔秽腥涩意。以熟铜苔秽，铁腥涩也。林栖谷隐者，或用之竹木。木与竹非持久涉远之具，故用之生铜。其囊，织青竹以卷之，裁碧缣以缝之，纽翠钿以缀之。又作绿油囊以贮之。圆经五寸，柄一寸五分。

瓢③，一曰牺杓。剖瓠为之，或刊木为之。晋舍人杜毓《荈赋》④云："酌之以匏。"匏，瓢也。口阔，胫薄，柄短。永嘉中，余姚人虞洪入瀑布山采茗，遇一道士，云："吾，丹丘子，祈子他日瓯牺之余，乞相遗也。"牺，木杓也。今常用以梨木为之。

竹筴，或以桃、柳、蒲葵木为之，或以柿心木为之。长一尺，银裹两头。

鹾簋⑤，以瓷为之。圆径四寸，若合形，或瓶，或罍，贮盐花也。其揭，竹制，长四寸一分，阔九分。揭⑥，策也。

熟盂⑦，以贮熟水，或瓷，或沙，受二升。

①水方：盛水的容器，一般为方形，多用或槐、梓、楸等木板拼接
　后用漆涂封而成。

②漉水囊：过滤茶水的用具，"禅家六物"之一。骨架一般为铜质，
　也偶见竹质，囊则用青篾丝编织而成，外层有绿油布制成的袋。

③瓢：盛水及分茶水的器具，一般是用葫芦或匏剖开制成，或者用
　竹或木雕刻而成。由于古代由饮团饼茶到饮散茶逐渐发展，瓢也
　由取水或分茶的工具发展为量水、取水的用具。

④《荈赋》：西晋文人杜育写的赋，内容为从茶树生长至茶叶饮用
　的全部过程。

⑤鹾簋：盛盐花的容器。

⑥揭：取盐的器具。

⑦熟盂：贮放第二沸水之用，以备"止沸育花"。

【解读】

　　这几则讲的是煮茶所用的器具。"五之煮"中有详述，故在此
不赘述。

碗，越州上，鼎州次，婺州次，岳州次，寿州、
洪州次。或者以邢州处越州上，殊为不然。若邢瓷
类银，越瓷类玉，邢不如越，一也；若邢瓷类雪，
则越瓷类冰，邢不如越，二也；邢瓷白而茶色丹，
越瓷青而茶色绿，邢不如越，三也。晋杜毓《荈赋》
所谓："器择陶拣，出自东瓯。"瓯，越也。瓯，
越州上，口唇不卷，底卷而浅，受半升以下。越州

四之器

039

瓷、岳瓷皆青，青则益茶。茶作白红之色。邢州瓷白，茶色红；寿州瓷黄，茶色紫；洪州瓷褐，茶色黑，悉不宜茶。

畚①，以白蒲卷而编之，可贮碗十枚。或用筥。其纸帊以剡纸夹缝，令方，亦十之也。

札②，缉栟榈③皮以茱萸木夹而缚之，或截竹束而管之，若巨笔形。

涤方④，以贮涤洗之余，用楸木合之，制如水方，受八升。

滓方⑤，以集诸滓，制如涤方，受五升。

巾⑥，以绝布为之，长二尺，作二枚，互用之，以洁诸器。

具列⑦，或作床，或作架。或纯木、纯竹而制之，或木，或竹，黄黑可扃⑧而漆者。长三尺，阔二尺，高六寸。具列者，悉敛诸器物，悉以陈列也。

都篮⑨，以悉设诸器而名之。以竹篾内作三角方眼，外以双篾阔者经之，以单篾纤者缚之，递压双经，作方眼，使玲珑。高一尺五寸，底阔一尺，高二寸，长二尺四寸，阔二尺。

①畚（běn）：即簸箕，用白蒲草编成，用来贮放碗。

②札：捆缚器具。

③栟榈：棕榈。

④涤方：盛放洗涤用水的器具。

⑤滓方：盛放茶渣的用具。

⑥巾：揩洁布，又称"受污""茶巾"等，是用来擦拭茶具的用具，一般用粗绸或麻布制作而成，现代多为棉质，柔软易吸水。

⑦具列：盛放诸茶具的架子。

⑧扃（jiōng）：可关可锁的门。

⑨都篮：可贮放全部茶具。

【解读】

　　这几则讲的是饮茶所用的器具。唐代时，茶已成为国人的日常饮料。当时饮茶的程序较为复杂，但也充满了艺术的情趣。茶具不仅是饮茶过程中的器具，同时对提高茶的色、香、味也起到了很大的作用。

　　茶碗是唐代主要的饮具，因不同历史时期、不同地域以及形状的不同，可分为盏、茶瓯、茶杯、茶盅、茶缸、啜香等。茶碗一般大口深腹，足底有平底、环底或者璧底，也有圈足或假圈足，多为

邢窑白瓷茶碗（唐）

青玉雕填金寿字茶碗（清）

陶瓷、玻璃质地，也有金、银、铜、石、竹、木等。茶缸的口和底一样大，平底无足，一般都有把。而茶盏则敞口小足，斜直壁。最早的"茶具"一词是在西汉王褒的《僮约》中出现的，而在东汉的墓中也出土过茶具。一直到唐代的时候，茶具才逐渐形成独立的系统，茶碗也才有了真正明确的意义。到了宋代，由于斗茶风尚的兴起，建窑与永和窑的敞口小足斜直壁的厚胎黑釉盏备受崇尚。元代时候又比较流行青白釉的茶碗。明代时，流行饮用散茶，屠隆的《考盘余事》载："蔡君谟取建盏，其色绀黑，似不宜用。"所以当时人们都以白釉小盏和青盏为宜。到了明末清初，开始流行盖碗，直到近现代，还有一部分地区仍在使用盖碗，但大多数还是用茶杯或茶缸。

陆羽在介绍饮茶用具"碗"时，首次提到了名窑这一概念，把全国各地所产的瓷器作了评比。所提及的越州窑、鼎州窑、婺州窑、岳州窑、寿州窑、洪州窑并称为唐代"六大青瓷名窑"。他文中又着重拿白瓷的代表邢窑与青瓷的典型越窑作比较。陆羽认为，在釉质上，邢瓷类银，越瓷类玉；在光泽上，邢瓷类雪，越瓷类冰；在呈色上，邢瓷白而茶色丹，越瓷青而茶色绿，这三个方面邢瓷都不

法门寺出土的鎏金银笼（唐）
银笼主要用来盛装茶碗、茶则等饮茶器具和放置茶叶。此件鎏金银笼工艺精湛，盖、身镂空，盖面以15只飞鸿装饰，器身则有24只飞鸿，交错排列，两两相对。两侧环耳上置提梁，梁上有银链与盖钮相连，方便人们提取。

如越瓷。唐代邢窑白瓷的烧制是十分成功的，制作精细，并向宫廷进贡瓷器。陆羽是南方人，好饮青茶，扬越抑邢是他个人的偏好，很难说玉胜银、冰胜雪、绿胜丹。唐代文学家皮日休《茶瓯》诗中云："邢客与越人，皆能造瓷器，圆似月魂堕，轻如云魄起。"便认为两者并重。在青瓷盛行的年代，邢窑白瓷能置于与越窑并列的地位，足见其已动摇了越窑的一统地位。虽然陆羽的这则论断在陶瓷界还存有争论，却也印证了陆羽作为陶瓷鉴赏名家的独到眼光。

唐代茶具的材质十分丰富，有陶瓷、玉、铜、金、银、竹、木等，呈现出一种典雅富丽的大唐风韵。唐代是我国金银器发展史上第一个高峰期，大量的金银矿被开发出来，同时，金银器的加工工艺也有很大的突破。唐代的金银茶具也不少，最具代表性的是陕西法门寺地宫出土的鎏金银茶具，有鎏金银茶碾、鎏金银笼、鎏金银茶匙等。这套茶具，质量讲究，质地精美，真实地再现了唐代宫廷饮茶的风貌。唐代还出现了琉璃茶具，以琉璃制作茶具是很奢侈的事，一般只有皇室或贵族上层才能享用。最具代表性的是陕西法门寺地宫出土的琉璃茶盏托，代表了唐代的琉璃生产水平，堪称精品。

而现代茶具则继承了古代茶具的精华，又结合现代人快节奏的生活方式和饮茶习惯。以功能来划分，现代茶具大致由以下十类器物组成：

烧火器具：风炉、火夹、电磁灶等。

煮水器具：各种煮水壶，如陶壶、砂铫、玻璃壶等。现代茶艺馆使用的多为烧火器具与煮水器的组合，常见的有酒精灶具组合、电随手泡。

承载器具：茶盘（茶船）、泡茶车等。

盛茶器具：茶叶罐、茶荷等。

泡茶器具：茶壶、盖碗、瓷杯、玻璃杯、飘逸杯、马克杯等。

饮茶器具：各式杯、盏、盅、碗等。

辅助器具：茶道组（包括茶则、茶匙、茶夹、茶针、茶漏、茶筒）、公道杯、计时器、奉茶盘、杯托等。

清洁器具：水盂、水方、茶巾等。

调味器具：盛装各种调味品的用具，如盐罐、奶盅、花果盘等。

储物器具：用于存放上述器具的专用柜、箱、篮等。

烤茶器具

五之煮

凡炙茶，慎勿于风烬间炙，熛焰如钻，使炎凉不均。持以逼火，屡其翻正，候炮出培塿，状虾蟆背①，然后去火五寸。卷而舒，则本其始又炙之。若火干者，以气熟止；日干者，以柔止。

其始，若茶之至嫩者，蒸罢热捣，叶烂而芽笋存焉。假以力者，持千钧杵亦不之烂。如漆科珠②，壮士接之，不能驻其指。及就，则似无穰骨③也。炙之，则其节若倪倪，如婴儿之臂耳。既而承热用纸囊贮之，精华之气无所散越，候寒末之。

其火用炭，次用劲薪④。其炭，曾经燔⑤炙，为膻腻所及，及膏木、败器不用之。古人有劳薪之味⑥，信哉。

【注释】

①培塿状虾蟆背：培塿，小土丘；虾蟆背，癞蛤蟆的背部，有很多丘泡，不平滑。形容茶饼表面起泡，如虾蟆背。

陶瓷茶具（现代）

②漆科珠：科，用斗称量。《说文》："从禾，从斗。斗者，量也。"
　意为用漆斗量珍珠，珍珠表面滑溜难量。也有学者认为"漆科珠"
　指的是漆树子实。
③穰骨：这里指茶梗。
④劲薪：火力强劲的柴火，如桑、槐之类。
⑤燔（fán）：焚烧，这里指烤肉。
⑥劳薪之味：语出《晋书·荀勖传》："荀勖在帝座，进饭，谓在座人曰：
　'此劳薪所炊。'帝遣问膳夫，乃曰：'实有故车脚。'"意思是，
　用朽坏的木制器具来烧煮食物，会产生怪味。

【解读】

　　《五之煮》重点介绍了烤茶的方法、泡茶用水和煮茶火候，以
及煮沸程度和方法对茶汤色、香、味的影响。

　　当时的品饮方法为煮饮法，又称"煎茶法"，其茶主要用饼茶，
在煮茶时将饼团碾成碎末。

　　煎茶法的具体操作过程分为五步：

　　第一步为炙茶：炙烤可烘干饼茶内的水分，使茶味散发。第二
步为碾茶和筛茶：把炙烤过的饼茶碾成末，再用罗合筛茶。第三步为
煮水：用一个大口的锅烧水，来煮茶。第四步为煎茶：当水煮至二

沸时，取出一瓢水，在锅中心漩涡处放入一定量的茶末，慢慢搅动。当水煮至三沸时，把初取的那瓢水倒入锅中止沸，孕育沫饽。第五步为酌茶：把茶汤倒入碗中，保持沫饽均匀。一般每次煎茶一升，分成五碗，趁热饮用。

《五之煮》首先介绍的是炙茶，即烤茶。陆羽认为，茶不能在通风的余火上烤，容易受热不均，应该先用高温"持以逼火"，拿着饼

烤茶

茶紧贴火苗，上下迅速翻动，饼上如出现凹凸的小疙瘩，就要去掉一些柴火；如果饼茶卷起并舒展开来，说明没烤好，需要重新烤。烤茶以炭火为好，桑槐之类火力猛的木柴相对较次。用癞蛤蟆背来形容饼茶状是有渊源的，后来的茶种如乌龙茶的茶形就以"蜻蜓头，蛤蟆背，绿叶红镶边"为经典。如今乌龙茶已鲜有此外观，只有在武夷岩茶中还保留着这种经典外形。

如若当初制茶时是用焙火的方式烤干的，则烤到茶气熟为止；如若当初制茶时是以日照的方式晒干的，则烤到茶软了为止。炙烤好的饼茶要趁热用纸袋包好，不让茶的香气散失。

其水，用山水上，江水中，井水下。其山水，拣乳泉、石池漫流者上；其瀑涌湍漱，勿食之，久食令人有颈疾。又多别流于山谷者，澄浸不泄，自火天①至霜郊②以前，或潜龙蓄毒于其间，饮者可决之，以流其恶，使新泉涓涓然，酌之。其江水取去人远者，井水取汲多者。

【注释】

①火天：夏季酷暑时节。
②霜郊：秋末冬初。

【解读】

古人论及饮茶用水的见解非常多，流传至今的还有"龙井茶，虎跑水""扬子江心水，蒙山顶上茶"等说法。因为水质能直接影响茶汤的品质。如果烹茶水的水质不佳，那么茶的清香甘醇就不能发挥出来。

陆羽对饮茶用水也有其独到之处，认为煮茶所用之水，山泉水

虎跑泉

　　虎跑泉位于浙江杭州大慈山白鹤峰下，泉水晶莹甘洌，清澈明净，居西湖诸泉之首，是泡制西湖龙井茶的首选之水，因而有"龙井茶，虎跑水"的说法。

最好，江水一般，井水最差。山泉水中，最好选取如奶水般喷涌的泉水和穿越石池而慢流的水，奔涌急流的水不要饮用，长喝这种水颈部会生病。多处支流汇合于山谷的水不能饮，因其蓄积沉淀很久，可能有蛇蜥之类潜伏其中，让水中存蓄有毒素。如果要饮，可先挖开口，让毒水流走，让新泉水流进来，才可取水煮茶。江水，要从

天下第二泉——惠山泉
　　惠山泉位于江苏无锡西郊的惠山，因泉水甘爽，泡茶有幽香，被陆羽誉为"天下第二泉"。

远离人活动区域的地方去汲取。井水，则要选人们经常汲水的井。

　　一千多年来，古人为追求"精茗蕴香，借水而发"的佳态，总结出一套实用的选水标准：第一，水源要活。沏茶之水需用有根源的活水，不能用死水和储存不得法的陈水。但"活"须有度，激流瀑布之水是不能用来煎茶的。第二，水味要甘。用于沏茶的水味应甘甜爽口，因为只有"甘"才能够出"味"。第三，水质要清。沏茶所用之水的水质要清，陆羽在"四之器"中所列的漉水囊就是滤水用的。第四，水品要轻。用于沏茶的水品要轻。据清代陆以湉《冷庐杂识》记载，清代乾隆每次出巡，常喜欢带一只精制银斗，"精量各地泉水"，精心称重，按水的比重从轻到重排出优次。

　　历史上有许多名人都对饮茶用水十分挑剔。相传王安石老年时患有痰火之症，医生嘱咐他要经常饮用阳羡茶，并要用长江瞿塘中峡

取泡茶之泉水

的水来煎煮。王安石与苏东坡是多年好友，而苏东坡又是四川人，便让他从当地带水过来。苏东坡将水带来给王安石后，王安石马上命僮仆煮水烹茶，可是将茶放入后，许久未见汤色变化，便问："此水何处取来？"苏东坡回答："中峡。"王安石却笑道："又来欺老夫了，此乃下峡之水！"苏东坡听后很吃惊，只得说实话。原来，苏东坡一路上只顾着欣赏山峡的风光，忘记了王安石所托之事，到了下峡时才想起，而且当时水流非常湍急，没办法再回头，就只好取了一瓮下峡水来冒充。他问王安石："三峡相连，一般样水，老大师何以辨之？"王安石解释说："瞿塘水性，出于《水经补注》。上峡水性太急，下峡太缓，惟中峡缓急相伴。太医院官用中峡水引经。此水烹阳羡茶，上峡味浓，下峡味淡，中峡在浓淡之间。这个茶色许久才见，应是下峡之水。"

在现代，泉水仍然是泡茶的首选。泉水为活水，氧气含量高，有利于茶香的散发。但泉水又分硬水和软水，硬水中的钙、镁等矿物质含量较高，泡出的茶汤色泽偏暗，口感清爽度不佳；软水中的钙、镁等矿物质含量较低，利于泡出茶的真味。由于环境条件所限，纯净无污染的泉水较为难得。软水固然好，但不可多得，而硬水中的主要矿物成分经高温煮沸能立即分解沉淀，转变为软水。所以，即使用普通的水泡茶，只要煮水合适、泡茶得法，也能泡出好茶。一般来说，无色、无味、无肉眼可见物，浑浊度不超过 5 度，色度不超过 25 度，符合饮用水理化、卫生指标的，都可以用作泡茶用水。最简单的方法是将自来水贮存、静置一昼夜，待水中的氧气自然逸失；或是将净水器安装在自来水龙头上进行过滤，这种水即可用来泡茶。

其沸如鱼目，微有声，为一沸。缘边如涌泉连珠，为二沸。腾波鼓浪，为三沸。已上①水老，不可食也。初沸，则水合量调之以盐味，谓弃其啜余。无乃䶽䶝而钟其一味乎？第二沸出水一瓢，以竹笸环激汤

心，则量末当中心而下。有顷，势若奔涛溅沫，以
所出水止之，而育其华②也。

【注释】

①已上：已达到三沸。
②华：这里指茶汤的"沫饽"，即茶水煮沸时产生的浮沫，称为"水
　华"。水华中薄的称"沫"，厚的称"饽"，细小轻盈的称"花"。

【解读】

　　陆羽所提倡的煎茶法是有一定程序的。煮水时，冒出鱼眼大小
的水泡，并微微作声，称作"一沸"；锅边有像泉涌一样的连珠泡，
称作"二沸"；波涛翻腾的，称作"三沸"。

　　"一沸"时，下盐。水烧开后，投入适量的盐以调味，并除去
浮在表面上的水沫，否则"饮之则其味不正"。

　　"二沸"时，先舀水。当釜（茶事中烧水用的锅、壶）内水大
开时舀出一瓢水，随即用竹夹取一定量的茶末，从旋涡中心投入沸水
中，再加搅动，釜内会泛起泡沫。陆羽说"操艰搅遽，非煮也"，
就是说搅时动作要轻缓，不能太急促。

　　"三沸"时，先止沸。当茶汤出现"势若奔腾溅沫"即水大开
时，将先前舀出的水重新倒入釜内，使沸腾暂时停止，以孕育沫饽。
然后把釜从火上拿下来，放在"交床"上。这时，就可以开始向茶
碗中斟茶了。

　　陆羽和苏轼在论烧水时，都强调水不可以长时间煎煮，过度煎
煮，会使茶产生老熟味，影响茶的汤品。

《煮茶图》丁云鹏（明）

现代茶艺对泡茶的水温也有严格的要求。一般来说，水温高低与茶可溶于水的浸出物的浸出速度成正比，即水温越高，浸出速度越快，在相同的冲泡时间内，茶汤滋味越浓。泡茶的适宜水温，要根据茶叶的老嫩、松紧和大小等情况来选择。粗老、坚实、叶大的茶叶，其冲泡的水温要比细嫩、松散、叶碎的茶叶高。具体来说，凡是高级细嫩的

用于煮茶的瓦罐

名茶，特别是高档名优绿茶，适宜85℃左右的水冲泡，以保证茶汤色泽清澈、香气纯正、滋味鲜爽、叶底明亮。过高的水温会导致茶汤颜色变黄，还会破坏茶叶中所含的维生素C。对红茶、绿茶、花茶来说，因加工的原叶老嫩适中，可用煮沸不久、90℃—95℃的水冲泡。对乌龙茶、黑茶等用成熟的新梢芽叶加工制成的茶，因原料成熟不细嫩，单次用茶量又大，适宜用刚煮沸的开水冲泡。

唐代以前，煮茶是要加盐的。宋代以后，点茶法盛行开来，冲泡茶叶时才不再放盐。现代仍有一些少数民族地区，饮茶时加少许盐。如云南傈僳族的雷响茶，其制作过程是：先用大瓦罐把水烧开，用小瓦罐烤饼茶。茶烤出香味后注入开水熬煮五分钟左右，然后滤去茶渣，加少许酥油和炒过碾碎的核桃仁、花生米，以及盐巴或糖等。将钻有小孔的鹅卵石用火烧热后放入茶罐中，提高茶汤的温度

少数民族煮茶场景

以融化酥油。由于鹅卵石在容器内轰轰作响，如同雷鸣一般，所以得名"雷响茶"。在鹅卵石响过之后，马上用木杵上下搅动，使酥油充分融于茶汁，便可趁热饮用了。

再如云南基诺族的凉拌茶，其制作过程是：将刚采摘的茶树嫩梢稍加揉搓，放入一个干净的碗内。再将新鲜黄果叶揉碎，把辣椒和大蒜切细，连同食盐一起投入盛着茶树嫩梢的碗中。最后加入少许泉水，用筷子搅匀，静止一刻钟左右即可食用。

还有蒙古族奶茶，主要由青砖茶、牛羊奶和盐制作而成。藏族的酥油茶也是由茶叶或砖茶熬成很浓的茶汁后，放入酥油和食盐，加热而成。

凡酌，置诸碗，令沫饽均。沫饽，汤之华也。华之薄者曰沫，厚者曰饽。细轻者曰花，如枣花漂漂然于环池之上；又如回潭曲渚，青萍之始生；又如晴天爽朗，有浮云鳞然。其沫者，若绿钱浮于水湄①，又如菊英堕于樽俎②之中。饽者，以滓煮之，及沸，则重华累沫，皤皤然③若积雪耳。《荈赋》所谓"焕如积雪，烨若春薮"，有之。

第一煮水沸，而弃其沫，之上有水膜，如黑云母④，饮之则其味不正。其第一者为隽永，或留熟水以贮之，以备育华救沸之用。诸第一与第二、第三碗次之。第四、第五碗外，非渴甚莫之饮。凡煮水一升，酌分五碗。乘热连饮之，以重浊凝其下，精英浮其上。如冷，则精英随气而竭，饮啜不消亦然矣。

茶性俭，不宜广，则其味黯澹。且如一满碗，啜半而味寡，况其广乎！其色缃⑤也，其馨欹也。其味甘，槚⑥也；不甘而苦，荈⑦也；啜苦咽甘，茶也。

【注释】

①水湄：有水草的河边、水岸。《说文》载："湄，水草交为湄。"
②樽俎：古代的盛酒器具。

悬壶冲茶

③皤皤（pó pó）然：皤皤，头发花白的样子。这里用来形容丰富的
　白色水沫。

④黑云母：一种矿物，颜色为黑色或深褐色，形状为板状或柱状。

⑤缥：中国传统色彩名词，其色如同丝一样淡雅。

⑥槚（jiǎ）：茶树的古称。

⑦荈（chuǎn）：老茶叶，即粗茶。

【解读】

这几则主要介绍的是酌茶。陆羽首先指出，舀入碗中的茶汤沫饽要均匀，沫饽是茶汤的精华，这也是一种烹茶技巧。

陆羽认为，每次煎茶一升，酌分五碗最佳。而且茶要趁热连饮，因为茶汤热时"重浊凝其下，精英浮其上"；茶汤一旦冷了，"则精英随气而竭，饮啜不消亦然矣"，即茶的芳香会随热气而散发掉，喝起来会无滋无味。

茶性俭朴，适合热饮，不宜放得时间过长，否则味道就非常黯淡了。常常是一碗茶喝到一半，剩下的味道就开始变寡淡了，更何况放置时间过长。茶汤应为浅黄色的，香气清馨，不甜而略苦的是老茶，入口苦而咽下回甘的是好茶。

现代茶艺认为，茶叶冲泡的时间与用茶量有直接关系：茶叶放得多，浸泡所需的时间短；茶叶放得少，浸泡所需的时间就长。茶的冲泡次数也跟着相应变化，浸泡时间短，则冲泡次数就多，浸泡时间长，冲泡次数就少。此外，这也与泡茶水温、饮茶习惯等因素有关。对于投茶量较大的红茶、绿茶而言，最好的饮用时间在冲泡三分钟左右。而乌龙茶多用紫砂壶冲泡，第一道茶冲泡一分钟后就可饮用，接下来每道茶较前次增加15秒，这样泡出的茶汤会比较均匀。另外，一些人有泡一壶茶喝一天的习惯，这是不可取的。茶浸泡时间过长，有害物质可能会浸泡出来，因而不宜久泡。在冲泡次数方面，有关专家测定，茶叶中各种有效成分的浸出率是不一样的。氨基酸和维生素C最容易浸出，其次是可溶性糖、咖啡碱、茶

茶汤

多酚等。以绿茶为例，冲泡第一次时可溶性物质的浸出率在 50% 左右；冲泡第二次时仅能浸出 30%；第三次时浸出 10%；第四次时仅仅是 2% —3%，这时的茶汤无异于白开水。一般而言，名优绿茶、白茶、黄茶可冲泡两到三次，红茶可以连续冲泡五六次，乌龙茶的冲泡次数可多达七次。

《陆羽煮茶图》【局部】赵原（元）

相传唐朝代宗皇帝李豫嗜好饮茶，也善品茶。竟陵（今湖北天门）积公和尚不仅善品茶，而且能辨别是什么茶、何处水冲泡、什么人煮的茶，号称"茶仙"。代宗皇帝决定亲自试试积公和尚的本领，便把他召到宫中。宫中煎茶能手用上等茶叶煎出一碗茶，请他品尝。积公饮了一口，便再也不尝第二口了。皇帝问他为何不饮，积公说："我所饮之茶，都是弟子陆羽为我煎的。饮他煎的茶后，旁人煎的就觉淡薄如水了。"皇帝听罢，便又将陆羽召到宫中，当即命他煎茶。陆羽将带来的清明前采制的紫笋茶精心煎制后，献给皇帝，果然茶香扑鼻，茶味鲜醇。皇帝连忙命他再煎一碗，送到书房给积公去品尝，积公接过茶碗，喝了一口，连叫好茶，于是一饮而尽。他放下茶碗后，走出书房，连喊"鸿渐（陆羽的字）何在？"皇帝忙问积公如何知道陆羽来了呢，积公答道："我刚才饮的茶，只有渐儿才能煎得出来，喝了这茶当然就知道是他来了。"上述传说虽说难辨真伪，但由此可见陆羽精通茶艺。

六之饮

翼而飞，毛而走，呿①而言。此三者俱生于天地间，饮啄以活，饮之时义②远矣哉！至若救渴，饮之以浆；蠲③忧忿，饮之以酒；荡昏寐，饮之以茶。

　　茶之为饮，发乎神农氏④，闻于鲁周公⑤，齐有晏婴⑥，汉有扬雄、司马相如⑦，吴有韦曜⑧，晋有刘琨⑨、张载、远祖纳、谢安⑩、左思⑪之徒，皆饮焉。滂时浸俗，盛于国朝，两都⑫并荆俞⑬间，以为比屋⑭之饮。

【注释】

①呿（qù）：张口的样子。

②时义：时代意义。

③蠲（juān）：免除。

④神农氏：中国古代原始部落首领，世称"农皇""炎帝"。

⑤鲁周公：周公旦，姬姓，名旦，西周早期杰出的政治家、军事家、思想家和教育家，儒家学派奠基人。

⑥晏婴（公元前578—前500年）：春秋时期著名的政治家、思想家、外交家，辅佐齐国三代国君长达50余年。

⑦司马相如（约公元前179—前118年）：西汉大辞赋家、诗人、杰出的政治家，被誉为"辞宗""赋圣"。

⑧韦曜（204—273年）：三国时期著名的史学家，是中国古代史上从事史书编纂时间最长的史学家。

⑨刘琨（271—318年）：西晋著名的政治家、文学家、音乐家和军事家。

⑩谢安（320—385年）：东晋宰相，著名的政治家、书法家。

⑪左思（约250—305年）：西晋著名文学家、诗人，代表作为《三都赋》。

⑫两都：长安和洛阳。

⑬荆俞：荆州，今湖北江陵；俞（渝）州，在今四川重庆。

⑭比屋：家家户户。

【解读】

　　《六之饮》主要介绍了饮茶的意义、风俗和方法。陆羽首先指出，喝饮对于人和动物的意义重大，而饮茶则还能提神和解除瞌睡，因而尤为重要。

　　至于茶的起源，历史上普遍认为"茶祖"就是神农氏。神农氏在中国古代被奉为农耕之神、医药之神。他生活的年代无医无药，为解除人类的这些疾苦，神农便有了尝百草的举动。他在尝百草的过程中，分辨出哪些植物有毒，哪些植物可以当作药物，并在这一过程中发

神农氏品茶图

《品茶图》【局部】文徵明（明）

现了茶。

　　相传神农氏为尝百草屡屡中毒，有一次神农一天之内服下了好几种有毒的草，他感觉口干舌麻，五内欲焚，倒在大树下。随着一阵风吹过，树上飘落几片树叶，神农取来放入口中咀嚼，其味苦涩，但觉麻木消除，舌底生津，并感到气味清香，食后醒脑提神，于是采叶而归，定其名曰"荼"（即茶），将其作为解毒的药物来食用。

传说终归是传说，要证明神农氏就是发现茶叶的第一人，还需要确凿的科学证据。神农氏作为华夏始祖的一支，生活在黄河中上游，从今天的地理环境来看，这里根本不可能会有茶树的。但是，在约5000年前神农氏生活的年代，这里的气候却要比现在温润得多。考古发现及文献资料都反映，这一时期黄河中上游分布着茂密的天然森林，存在着亚热带的树种。还有学者认为神农氏是在湖南发现的茶叶。据说，阪泉之战后，神农氏率众向东南方转移，来到了今天湖南的炎陵县（今炎帝陵所在地），这里正是今天的大神农架区域，植被茂盛，盛产茶叶，神农在这里尝百草后发现茶叶也有可能。

文中说茶"闻于鲁周公"是出自周公所著的《尔雅》。《尔雅》载："槚，苦荼。"这里的"苦荼"即指茶。鲁周公是正统儒家"礼"的代表，是"礼"的化身。陆羽说茶"闻于鲁周公"便是借周公将茶与"礼"联系了起来。鲁周公是西周开国君主周文王的次子，周武王的弟弟，曾助武王灭商，武王死后因成王年幼曾一度摄政。在其主持下制定的行为规范，以及相应的典章制度、礼节仪式，涉及古代生活的方方面面，对后世茶艺礼仪、制度的建立影响也非同一般。

史书上并没有鲁周公饮茶的确实记载。但推测起来，在上古时，茶树叶子进入人类所采集食物的一部分是完全可能的。茶为贡品、为祭品，已知在周武王伐纣时就已出现。从比较清楚的记载来看，茶是在西汉时真正走入人们的日常生活中的。

西汉时，饮茶已成为当时上层阶级日常生活的一部分。西汉王褒所著《僮约》记载，当时士人间有"客来烹茶"的习俗，此时饮茶仅限于上层阶级，尚未平民化，其方式也以煮茶为主。

饮有粗茶、散茶、末茶、饼茶者，乃斫①、乃熬、乃炀、乃舂，贮于瓶缶之中，以汤沃焉，谓之痷茶②。或用葱、姜、枣、桔皮、茱萸、薄荷之等，煮之百沸，或扬令滑，或煮去沫。斯沟渠间弃水耳，而习俗不已。

【注释】

①斫（zhuó）：用刀、斧等砍。
②痷（ān）茶：痷，病态。这里指夹生茶。

【解读】

在陆羽生活的时代，茶叶分为粗茶、散茶、末茶和饼茶四大品种。粗茶是连枝带叶砍下来用刀切碎后做成的茶叶；散茶是采摘树上的嫩芽新叶，或者炒干，或者直接放在锅里"熬"的茶叶；末茶

散茶与茶汤

是采摘下来的茶叶经过烘干碾成粉末再煮饮的茶叶。

有的人喝茶时，又是斫、又是熬、又是烤、又是舂的，再将茶末置于瓶缶之中，用沸水浸泡，这是非常不正确的喝茶方法。还有的用葱、枣、橘皮、茱萸、薄荷等和茶一起长时间沸煮，或搅动茶汤使之柔滑，或不加搅动而让沫在煮的过程中凝结后撇去，这样煮出来的茶汤，跟沟渠里的废水没什么区别。陆羽为了保持茶叶原有的清香味道，提出直接清饮的饮茶方法，即是饮茶之前，先将团茶碾碎，不加任何配料，直接用沸水煮，以享受茶的天然味道。

时代在发展，社会在进步。陆羽提倡的饮茶方法如今看来早已过时，在当时却是一大进步。

于戏！天育有万物，皆有至妙。人之所工，但猎浅易。所庇者屋，屋精极；所著者衣，衣精极；所饱者饮食，食与酒皆精极之。茶有九难：一曰造，二曰别，三曰器，四曰火，五曰水，六曰炙，七曰末，八曰煮，九曰饮。阴采夜焙，非造也；嚼味嗅香，非别也；膻鼎腥瓯，非器也；膏薪庖炭，非火也；飞湍壅潦①，非水也；外熟内生，非炙也；碧粉缥尘，非末也；操艰搅遽②，非煮也；夏兴冬废，非饮也。

夫珍鲜馥烈者，其碗数三。次之者，碗数五。若座客数至五，行三碗；至七，行五碗；若六人以下，不约碗数，但阙一人而已，其隽永补所阙人。

【解读】

陆羽认为，天地万物都有它的精妙之处。而人类所擅长的却只是那些浅显易做的，如住的房屋、穿的衣服、吃的美食……对于饮茶却并不擅长，并不精通。

之所以人们不精通于茶道，是因为茶有九个方面是很难做好的：一是采制，二是鉴别，三是器具，四是用火，五是选水，六是炙烤，七是碾末，八是烹煮，九是品饮。阴天采摘、夜间焙制，不是正确的采制法；嚼茶尝味、鼻闻辨香，不是好的鉴别方法；沾有腥味的炉和锅，不能作为煮饮茶叶的器具；含有油脂、腥味的薪炭，不可作为炙茶、煮茶的柴火；急流之水和积滞之水，都不合适用来煮茶；把饼茶烤得外熟里生，则是烤法不当；把茶叶碾得像粉尘一样细微，为过犹不及；煮茶时搅动茶汤太急促，不算会煮茶；夏天喝茶而冬天不喝，是不懂饮茶之道的表现。

一锅煮三碗，茶汤鲜美无比；煮五碗，汤味就要差一些。客人多的话，五个人就煮三碗的量来平分；如果是七个人，就煮五碗的

《撵茶图》刘松年（南宋）

　　不同于唐代盛行煎茶法，宋代文人多以点茶法制茶，即将炙烤、碾磨成末的饼茶直接投入茶盏调膏，然后以沸汤点注、冲泡。此图即描绘了宋代文人点茶的过程。

量来分。如果是四个人或者六个人，就不要以碗数来定茶汤，可以将那碗最先舀出的"隽永"茶给多出的人。

　　陆羽所提倡的煎茶法流行于唐中晚期，亡于南宋中期。

《观瀑图》 钟礼（明）

七之事

三皇①：炎帝神农氏。

周：鲁周公旦。

齐：相晏婴。

汉：仙人丹丘子②。黄山君。司马文，园令相如。扬执戟雄。

吴：归命侯③。韦太傅弘嗣。

晋：惠帝④。刘司空琨。琨兄子兖州刺史演。张黄门孟阳。傅司隶咸。江冼马统。孙参军楚。左记室太冲。陆吴兴纳。纳兄子会稽内史俶。谢冠军安石。郭弘农璞⑤。桓扬州温⑥。杜舍人毓。武康小山寺释法瑶。沛国夏侯恺。余姚虞洪。北地傅巽。丹阳弘君举。乐安任育长。宣城秦精。敦煌单道开。剡县陈务妻。广陵老姥。河内山谦之。

后魏：琅邪王肃⑦。

宋：宋安王子鸾。鸾弟豫章王子尚。鲍昭妹令晖。八公山沙门谭济。

齐：世祖武帝。

梁：刘廷尉。陶先生弘景⑧。

皇朝⑨：徐英公勣。

【注释】

①三皇：即三皇时代（前？—前3077年）。三皇分别指燧人氏（天皇）、伏羲氏（人皇）和神农氏（地皇）。

②丹丘子：众多仙家道人的通称或某位道家仙人的别号。

③归命侯：即孙皓（242—283年），东吴亡国之君。280年，西晋灭东吴，孙皓投降，被封为"归命侯"。

④惠帝：晋惠帝司马衷（259—307年），西晋第二位皇帝，在位17年。

⑤郭弘农璞：即郭璞（276—324年），晋代风水学家、文学家、训诂学家，死后追封为"弘农太守"。

⑥桓扬州温：即桓温（312—373年），东晋权臣，杰出的军事家，官封扬州牧。

⑦王肃（464—501年）：琅琊临沂人，南北朝时期的北魏大臣。

⑧陶先生弘景：陶弘景（456—536年），南朝思想家、医药家、炼丹家、文学家，

道士制茶

南朝道教中最有影响的人物，人称"山中宰相"。

⑨皇朝：唐朝。

【解读】

《七之事》是整部《茶经》中篇幅最长的一节，以人物为线索，介绍了从神农氏到徐勣，跨越 3000 年的茶事，共四十七则。

《七之事》记述了唐代以前与茶相关的历史资料，包括传说、典

茶之悠

故、诗词、杂文、药方等，勾勒出一幅唐代以前中国社会饮茶风情的画卷。纵观中国数千年的茶文化史，几乎渗入了社会的各个阶层。无论是王公贵族还是平民百姓，无论是文人墨客还是贩夫走卒，无不充满了茶趣与茶事。

陆羽首先列举了唐代以前的嗜茶名人。其中，他在茶经中曾多次提及"丹丘子"，应是道家仙人的统称。在道家看来，把茶作为药物医病不过是雕虫小技，茶的真正功效是协助炼丹行功，以达到长生不老、羽化成仙的目的。在道教来看，不仅人需要茶，连神仙甚至鬼怪都喜欢茶。南朝齐梁时期的著名道士、医学家陶弘景曾在《杂录》中说："苦茶轻身换骨，昔丹丘子、黄山君服之。"这是茶作用于修行之人较早的记载。曾经修习过道术的诗僧释皎然在《饮茶歌送郑容》诗里说："丹丘羽人轻玉食，采茶饮之生羽翼。"认为丹丘就是饮茶后得道成仙的。这里是说神仙也喝茶。

中国茶道追求的是物我两忘、天人合一，这一点与道家的"清静无为，道法自然"渊源颇深。如何使自己在品茗时心境达到一尘不染、一妄不存的空灵境界呢？道家为茶道提供了入静的法门，即静坐忘身，达到无所不忘的状态，这称之为"坐忘"（《庄子·大宗师》）。

《神农·食经》："茶茗久服，令人有力、悦志。"

周公《尔雅》："槚，苦茶。"

《广雅》云："荆巴①间采叶作饼，叶老者，饼成，以米膏出之。欲煮茗饮，先炙令赤色，捣末置瓷器中，以汤浇覆之，用葱、姜、桔子芼之。其饮醒酒，令人不眠。"

《晏子春秋》："婴相齐景公时，食脱粟之饭，炙三戈②、五卵③茗菜而已。"

司马相如《凡将篇》④："乌喙，桔梗，芫华，款冬，贝母，木檗，蒌，芩草，芍药，桂，漏芦，蜚廉，雚菌，荈诧，白敛，白芷，菖蒲，芒消，莞椒，茱萸。"

《方言》："蜀西南人谓茶曰蔎。"

【注释】

① 巴：巴州，今四川东部一带。
② 戈：射猎物，这里指代禽鸟。
③ 卵：这里指禽鸟的蛋。
④《凡将篇》：西汉司马相如所撰，属文字学之书，作为启蒙教材之用。原书已佚，此处引文为后人所辑，是有关药物类的记载。

【解读】

这几则主要列举了唐代以前关于茶的定义及茶性的记载。

清代郝懿行《尔雅义疏》载："今'茶'字古作'荼'，至唐陆羽著《茶经》，始减一画作'茶'，今则知茶不复知荼矣。"从此，"茶"的写法就固定了下来，一直沿用至今。

《煮茶图》王问（明）

　　"茗"也是茶的通称，自故便有"品茗"、"香茗"等词。
晋代郭璞说："今呼早采者为茶，晚取者为茗。"《现代汉语大词
典》也载："一说是晚采的茶。"可见，根据采摘时间，茶在先，
茗在后。

　　荈、槚皆为茶的别称，常常与茶或茗合称。陆德明《经典释
文·尔雅音义》："荈、茶、茗，其实一也。"另意为老的茶叶。
《魏王花木志》："茶，叶似栀子，可煮为饮。其老叶谓之荈，嫩
叶谓之茗。"

　　关于茶性，训诂词典《广雅》中记载："在荆州、巴州一带，
人们采摘茶叶制成茶饼，但老叶子要加米糊才能制作。煮茶之前，
先将茶饼烤成红色，再捣成碎末放在瓷器中以开水冲泡。也可以在
茶叶中放一些葱、姜、橘子等共同煎煮。饮用此茶可以醒酒提神，
使人兴奋不想睡觉。"饮茶之提神益思功用可见一斑。

　　《晏子春秋》载："晏婴在担任齐景公的国相期间，吃粗粮、

禽鸟和禽蛋。除此之外，只饮茶罢了。"可见，茶在日常生活中的重要性，是人们餐前饭后的重要饮品。

汉代司马相如的《凡将篇》中记载："乌头、桔梗、芫花、款冬花、贝母、木香、黄柏、瓜蒌、黄芩、甘草、芍药、肉桂、漏芦、蜩蟟、藿芦、荈茶、白蔹、白芷、菖蒲、芒硝、茵芋、花椒、茱萸。"这些物品都是可以放入茶叶中煎煮，以丰富茶的性味。

以芍药等制成的花茶

《吴志·韦曜传》："孙皓每飨宴，坐席无不率以七胜①为限，虽不尽入口，皆浇灌取尽。曜饮酒不过二升。皓初礼异，密②赐茶荈以代酒。"

《晋中兴书》："陆纳③为吴兴太守时，卫将军谢安尝欲诣④纳，纳兄子俶怪纳无所备，不敢问之，乃私蓄十数人馔⑤。安既至，所设唯茶果而已。

遂陈盛馔，珍羞必具。及安去，纳杖俶四十，云：

'汝既不能光益叔父，奈何秽⑥吾素业？'"

《晋书》："桓温为扬州牧，性俭，每宴饮，唯下七奠，柈茶果而已。"

【注释】

①七胜：七升酒。
②密：暗地里。
③陆纳：东晋军事家，以品行高洁而闻名。
④诣：拜访。
⑤馔：酒肉佳肴。
⑥秽：玷污。

【解读】

三国时期吴国皇帝孙皓开创了以茶代酒的先例，这成为一种礼节，为后人所效仿。以茶代酒，即不能喝酒但又盛情难却，于是用茶来代替酒。相传孙皓非常好酒，当上国君后常常摆酒设宴，请群臣作陪。他在酒宴上设有一个规矩，即每人须以七升为限，无论大臣酒量如何，这七升酒必须喝光。朝臣中有个人叫韦曜，原是孙皓父亲孙和的老师，所以孙皓对韦曜十分照顾。韦曜的酒量只有二升，实在无法达到"七升"的规矩。孙皓见他确实喝不动了，就悄悄地给他换上茶，让他"以茶代酒"，以免因醉酒而失态。

晋人陆纳，"恪勤贞固，始终勿渝"，向来以俭德著称。有一次，卫将军谢安想去拜访陆纳。陆纳只准备了简单的茶点，他的侄子陆俶觉得寒酸，便自作主张，悄悄备下丰盛的酒肉佳肴。谢安到访后，陆俶便奉上了满桌佳肴。谢安走后，陆纳非常愤怒，斥责陆

《文会图》赵佶（宋）

此图为宋徽宗赵佶所作，描绘了宋朝文人雅士的茶会场景。图中，八九位文士围坐案旁，神情不一，意态闲雅。在大案前则设置小桌和茶床，茶床上陈列茶盏、盏托和茶瓯，茶床旁边还有茶炉、茶箱等物，炉上的茶瓶正在煎水。

傲玷污了自己的声誉，还打了侄子四十大板。

中国人向来好客，从古至今，凡来客，必要敬茶，还要以茶留客。在两晋南北朝时期，客来敬茶已发展成为中华民族普遍的礼俗。如东晋的桓温做扬州太守时，亦好节俭，每次宴会都摆放七个盘子的茶果来招待客人。

唐宋时期，客来敬茶还渐渐发展成为以茶会友，名人雅士们常常以茶和友人们欢聚品饮。唐代著名书法家颜真卿就喜欢与三五朋友开怀畅饮。他曾在月夜与好友啜茶时写下《五言月夜啜茶联句》

的名诗。宋代的苏轼也很喜欢与好友一起煮茶畅谈，曾与好友秦观一起游惠山，赏惠山名泉，以其水烹煮茗饮。宋代杜来在《寒夜》一诗中云："寒夜客来茶当酒，竹炉汤沸火初红。"宋代《萍洲可谈》中载："今世俗，客至则啜茶此俗遍天下。"由此可见，这个时期客来敬茶的习俗已经甚是普遍。文人以茶会友，强调"君子之交淡如水"，这也表达了中国人的一种生活情趣、人格理想和审美境界。茶性的清苦、淡泊、洁静、高雅，正是中国人共同追求的一种理想人格。

当今社会，沏茶仍是家庭礼仪中待客的一项重要礼节，也是日常交往的常规内容，不仅体现了对亲朋好友的尊重，还能体现主人的文化修养。

《搜神记》①："夏侯恺因疾死。宗人字苟奴察见鬼神。见恺来收马，并病其妻。著平上帻②，单衣，入坐生时西壁大床，就人觅茶饮。"

刘琨《与兄子南兖州史演书》云："前得安州干姜一斤，桂一斤，黄芩一斤，皆所须也。吾体中溃闷，常仰③真茶，汝可致之。"

傅咸《司隶教》曰："闻南方有蜀妪作茶粥卖，为廉事④打破其器具，后又卖饼于市。而禁茶粥以因蜀妪何哉？"

《神异记》⑤："余姚人虞洪，入山采茗，遇一道士，牵三青牛，引洪至瀑布山，曰：'吾，丹丘子也。闻子善具饮，常思见惠。山中有大茗，可以相给。祈子他日有瓯牺之余⑥，乞相遗也。'因立奠祀，后常令家人入山，获大茗焉。"

【注释】

① 《搜神记》：是一部中国古代神奇怪异故事小说集，共搜集了400多个神异故事，为东晋史学家干宝所著。

② 帻（zé）：我国古代男子的首服。

③ 仰：仰仗、倚靠。

④ 廉事：官吏。

⑤ 《神异记》：相传为西晋道士王浮所著，原书已佚。

⑥ 瓯牺之余：多余的茶汤。

【解读】

这几则讲述了几个关于饮茶的故事。

《搜神记》里有这样一个故事：一个叫夏侯恺的人因病去世了。族人的儿子苟奴能看见鬼神，竟看见夏侯恺回来取马匹，把他的妻子也弄得生病了。苟奴看见夏侯恺头戴平上帻，身穿单衣走进屋里，坐在他在世时经常坐的靠西壁的榻上，向人要茶喝。由此可见夏侯恺确是一位爱茶之人，连死了都要饮茶。

西晋将领刘琨给他的侄子南兖州刺史刘演写信说："前段时间收得安州干姜一斤、肉桂一斤、黄芩一斤，都是我所需的。但近日

蒙顶山茶园

我心中十分烦闷，需经常靠茶来醒脑解闷，请给我买些。"书信中则提到了茶的功效。刘琨所处的年代征战连连，而他又是军中将领，所以身体"溃闷"。在这种环境下，刘琨让侄子多买些茶来饮，一方面有益消化、补充营养（当时的洛阳和长安地区粮食短缺，甚至发生过人吃人的惨剧），一方面提神醒脑、舒缓紧张情绪。茶叶的这些功能，在现代都得到了科学证明。

西晋傅咸的《司隶教》中曾记载了这样一个故事：南市有一个四川老妇人以卖茶粥为生，官吏却把她卖茶的器具打破了。后来，这位老妇人只得又在市上卖茶饼。川蜀地区是茶的发源地之一。古蜀人是中国最早种茶、制茶、饮茶的，也是他们最早将茶饮推向民间。到了两晋时期，川蜀人吃茶已是很普遍的事，但饮茶之风由南向北发展仍是受到了一些阻碍。在唐朝以前，北方人对饮茶很不

屑，将茶鄙称为"水厄"。"厄"作困苦、艰难解释，喝茶成了"水难"，为什么呢？原来在西晋时有个叫王蒙的人特好饮茶，凡从他门前经过的人必请进去喝上一阵。嗜茶者还则罢了，不嗜茶者简直苦不堪言，但不饮又怕得罪了主人，只好皱着眉头喝。久而久之，士大夫们一听说"王蒙有请"，便打趣道："今日又要遭水厄了！"直到唐代，北方人才渐渐地开始接受茶，试着饮茶。641年，文成公主嫁给松赞干布时，将原产于四川的蒙顶贡茶一起带到了吐蕃，从此开创了西藏饮茶的先河。到唐朝的中后期，饮茶已经风靡全国。

陆羽还在《神异记》中摘选了这样一则故事：浙江余姚人虞洪上山采茶，遇见一位牵着三头青牛的道士。道士自我介绍说他是丹丘子，听说虞洪善于制茶烹茶，便告知虞洪瀑布山有好茶，希望虞洪采到茶烹煮之后能送一些给他品尝。虞洪来到瀑布山，果然采到上等好茶。虞洪回到家中就立了丹丘子的牌位，经常用茶祭祀这位神仙。在中国古代，茶常常作为祭天祀祖的祭品。据梁萧子显《南齐书》载，南朝齐世祖武皇帝萧颐曾在他的遗诏里说："我灵座上，慎勿以牲为祭，唯设饼果、茶饮、干饭、酒脯而已。"王室的祭典上一般为贡茶，而祭品用茶的方式也是不同的，一般有三种常见的形式：一为在茶碗或茶盏中注上茶水用来祭祀；二是只用干茶作为祭祀用品，不冲泡；三是只用如茶壶、茶盅这类的用具作为祭祀用

陆羽品茶泥塑

品。以茶祭祀这种方式流传已久，在日本、朝鲜及东南亚各国也曾有此类做法。

唐代还有一个习俗，就是做茶叶生意的商人，往往会在家中供奉陆羽的瓷像。每隔一段时期，还要用茶水浇洒瓷像，以此来祭祀茶祖，保佑自己的生意做得更加兴旺。

左思《娇女诗》："吾家有娇女，皎皎颇白晳。小字为纨素，口齿自清历。有姊字蕙芳，面目粲如画。驰骛翔园林，果下皆生摘。贪华风雨中，倏忽数百适。心为茶荈剧，吹嘘对鼎𬭊①。"

张孟阳《登成都楼诗》云："借问扬子舍②，想见长卿庐③。程卓④累千金，骄侈拟王侯。门有连骑客，翠带腰吴钩⑤。鼎食随时进，百和妙且殊。披林采秋桔，临江钓春鱼。黑子过龙醢⑥，吴馔逾蟹蝑⑦。芳茶冠六清，溢味播九区。人生苟安乐，兹土⑧聊可娱。"

【注释】

①鼎𬭊：风炉。
②扬子舍：扬雄的居住地。扬雄（公元前53—前18年），西汉著名学者，长于辞赋。
③长卿庐：司马相如的故居（司马相如字长卿）。

④程卓：程郑、卓王孙两大豪门。

⑤吴钩：春秋时期流行的一种弯刀，后被历代文人写入诗文之中。

⑥龙醢（hǎi）：用龙肉制成的酱。

⑦蜎：蟹酱。

⑧兹土：指成都。

【解读】

这两则引用了两首茶诗。中国人很早就将茶渗透进诗词之中，以抒发对茶的喜爱。魏晋南北朝时期，茶饮已被一些文人和贵族看做是高雅的精神享受，显示出茶文化萌芽期独特魅力。

《娇女诗》为西晋文学家左思所作，是陆羽的《茶经》中收录的第一首茶诗。通过对诗中两姐妹容貌、举止的详细描述，体现了她们对饮茶的兴趣以及有关茶器、煮茶习俗的详细描述。

《娇女诗》的全文为：

吾家有娇女，皎皎颇白皙。小字为纨素，口齿自清历。

鬓发覆广额，双耳似连璧。明朝弄梳台，黛眉类扫迹。

浓朱衍丹唇，黄吻澜漫赤。　娇语若连琐，忿速乃明划。

握笔利彤管，篆刻未期益。　执书爱绨素，诵习矜所获。

其姊字惠芳，面目粲如画。　轻妆喜楼边，临镜忘纺绩。

举觯拟京兆，立的成复易。　玩弄眉颊间，剧兼机杼役。

从容好赵舞，延袖象飞翮。　上下弦柱际，文史辄卷襞。

顾眄屏风画，如见已指摘。　丹青日尘暗，明义为隐赜。

驰骛翔园林，果下皆生摘。　红葩缀紫蒂，萍实骤抵掷。

贪华风雨中，倏忽数百适。　务蹑霜雪戏，重綦常累积。

并心注肴馔，端坐理盘槅。　翰墨戢函案，相与数离逖。

动为垆钲屈，屣履任之适。　心为茶荈剧，吹嘘对鼎𬭚。

脂腻漫白袖，烟薰染阿锡。　衣被皆重池，难与沉水碧。

任其孺子意，羞受长者责。　瞥闻当与杖，掩泪俱向壁。

　　《登成都白菟楼》也是最早以茶入诗的代表作之一，是西晋文学家张载（字孟阳）的作品。该诗详细地描述了白菟楼的雄伟气势以

及成都当时商业繁荣、物产丰富的景象，特别赞美了四川的茶，曰："芳茶冠六清，溢味播九区。"意思是，香茶胜过其他任何饮品，美味享誉天下。

《登成都白菟楼》的全诗为：

> 重城结曲阿，飞宇起层楼。累栋出云表，嶤嶻临太虚。
> 高轩启朱扉，回望畅八隅。西瞻岷山岭，嵯峨似荆巫。
> 蹲鸱蔽地生，原隰殖嘉蔬。虽遇尧汤世，民食恒有余。
> 郁郁少城中，岌岌百族居。街术纷绮错，高甍夹长衢。
> 借问杨子舍，想见长卿庐。程卓累千金，骄侈拟王侯。
> 门有连骑客，翠带腰吴钩。鼎食随时进，百和妙且殊。
> 披林采秋橘，临江钓春鱼。黑子过龙醢，果馔逾蟹蝑。
> 芳茶冠六清，溢味播九区。人生苟安乐，兹土聊可娱。

傅巽①《七诲》："蒲桃宛奈，齐柿燕栗，恒阳黄梨，巫山朱橘，南中茶子，西极石蜜。"

弘君举《食檄》："寒温②既毕，应下霜华③之茗；三爵而终，应下诸蔗、木瓜、元李、杨梅、五味、橄榄、悬钩、葵羹各一杯。"

孙楚《歌》："茱萸出芳树颠，鲤鱼出洛水泉。白盐出河东，美豉出鲁渊。姜、桂、茶　出巴蜀，椒、橘、木兰出高。蓼苏出沟渠，精稗出中田。"

【注释】

①傅巽：汉末三国时期著名的评论家。

②寒温：刚见面时的寒暄。

③霜华：这里指浮有白沫。

【解读】

这三则讲的是茶叶的产地和饮用习俗。

《七诲》在介绍当时各地的特产时，提到了"南中茶子"。"南中"指的是今四川大渡河以南和云南、贵州三省。三国以蜀汉为中心，故称巴蜀以南之地为"南中"。当时，中国的产茶区主要就是指南中一带，时人若想选种茶树，就要到南中去选取茶子。西晋诗人孙楚《歌》中所写的"茶荈出巴蜀"，亦是此意。弘君举在《食檄》中说："朋友间见面寒暄之后，会先喝浮有白沫的好茶。接着是饮酒寒暄，待酒过三巡，再呈上甘蔗、木瓜、元李、杨梅、五味、橄榄、悬豹、葵羹各一杯。"这里主要讲述了饮茶的场合与时间。

华佗《食论》："苦茶久食，益意思。"

壶居士①《食忌》："苦茶久食，羽化②；与韭同食，令人体重。"

郭璞《尔雅注》云："树小似栀子，冬生叶，可煮羹饮。今呼早取为茶，晚取为茗，或一曰荈、荈，蜀人名之苦茶"。

《世说》③："任瞻，字育长，少时有令名，自过江失志。既下饮，问人云：'此为茶？为茗？'觉人有怪色，乃自申明云：'向问饮为热为冷。'"

《续搜神记》："晋武帝世，宣城市人秦精，常入武昌山采茗。遇一毛人，长丈余，引精至山下，示以丛茗而去。俄而④复还，乃探怀中橘以遗⑤精。精怖，负茗而归。"

《晋四王起事》⑥："惠帝蒙尘还洛阳，黄门以瓦盂盛茶上至尊。"

【注释】

①壶居士：传说中道教真人之一。

②羽化：羽化升仙之意。道家修行的目的就是"羽化"，即"白日飞升"，而要达到这一目的的先决条件就是通过包括"辟谷"在内的各种方法来使"肌骨清"。这里指飘飘欲仙。

③《世说》：即《世说新语》，是一部记述魏晋士大夫玄学言论逸事的笔记小说，由南北朝时期的贵族刘义庆所著。

④俄而：过了一会儿。

⑤遗：送给。

⑥《晋四王起事》：又称《晋四王遗

华佗像

华佗是东汉末年著名医学家，与董奉、张仲景并称"建安三神医"。

《品茶图》陈洪绶（明）

此图中，主人和客人相对而坐，手持茶盏，闻香品啜，旁边还放置茶炉壶具。

事》，为东晋卢綝所撰，主要记述了晋惠帝征伐成都王司马颖之事，原书已佚。

【解读】

这几则主要讲述了古人对饮茶的推崇。

华陀《食论》载："长期饮茶，有助于思考。"这是因为茶中含有咖啡碱，而咖啡碱具有兴奋中枢神经、增进思维的功能。因此，饮茶后能提神、清醒头脑、增进思维能力。

壶居士《食忌》载："长期饮茶，身体会有飘飘欲仙之感；而茶与韭菜同时食用，则会增加体重。"此种说法在于描述饮茶后的感觉。

郭璞《尔雅注》载："茶树矮小的如同栀子一般，叶子在冬季不会凋零，可以用来煮茶。人们把清晨采的叫'茶'，晚上采的称为'茗'或'荈'，蜀地的人则以'苦茶'称呼。"虽然古人对茶的称呼不一，但并不妨碍他们对茶的喜爱。

《世说新语》中讲到，东晋有一个叫任瞻的人，少年时名声很好，但自从到了长江以北后便不得志。有一次，任瞻去别人家做客，见南方人普遍饮茶便也入乡随俗。他饮茶时问主人道："这是茶还是茗？"任瞻察觉到主人眼神中露出奇怪，便赶紧补充申辩道："我是问饮热的还是冷的。"饮了茶却不知是茶是茗，堂堂名士竟提出这种基本的常识问题，的确有失名士风范。不过，当时"坐客竟下饮"的待客礼仪已经形成了。

南北朝时期，佛教开始兴起，僧人大都饮茶，且大力倡导饮茶，使饮茶文化有了佛教色彩。中国土生土长的道家也极力推崇饮茶，因为道家修炼气功时需要打坐、内省，而茶可以清醒头脑、舒通经络。于是，道家典故中常出现一些饮茶可养生、长寿，甚至可羽化升仙的传说故事。《续搜神记》中秦精的故事便是其一。晋孝武帝时，宣城人秦精常入武昌山中采茗，一次遇一野人，身长丈余，遍体皆毛。毛人将秦精带至山脚，指给他一处大丛茗便走了。秦精开始采茗，不一会，毛人又回来，从怀中取出数枚柑橘送与秦精。秦精甚为害怕，背着采下来的茶跑了回去。

在《晋四王起事》中还记述了这样一个典故：晋惠帝逃难时都

采茶图

把烹茶进饮作为第一件事。惠帝曾蒙受屈辱，被迁出宫。他重回洛阳后，一个叫黄门的官吏拿瓦盂盛茶，敬献给他饮，迎接他归位。可见，饮茶在当时的正统地位。据记载，晋朝时每到正式、庄重场合时，均需由官吏特献茶饮。由此也可以说明，在晋代，茶已不单单是一种普通的饮料了，而是已经上升到了"礼""敬""圣"的层面了。

《异苑》①："剡县陈务妻，少与二子寡居，好饮茶茗。以宅中有古冢，每饮辄先祀之。儿子患之曰：'古冢何知？徒以劳意。'欲掘去之。母苦禁而止。其夜，梦一人云：‘吾止此冢三百余年，卿二子恒欲见毁，赖相保护，又享吾佳茗，虽泉壤②朽骨，岂忘翳桑之报③。’及晓，于庭中获钱十万，似久埋者，但贯④新耳。母告二子惭之，从是祷馈愈甚。"

【注释】

①《异苑》：东晋末南平郡公刘敬叔所撰，今存十卷。

②泉壤：泉下、地下、墓穴。

③翳桑之报：翳桑，古地名。春秋时期的晋国灵辄曾流落于翳桑，赵盾看到后便赐以饮食。后来，晋灵公欲杀赵盾，晋国灵辄便扑杀恶犬，救出了赵盾。后人便以"翳桑之报"为报恩的典范。

④贯：穿钱的绳子。

【解读】

《异苑》中的这则故事，讲述的是一个年轻的寡妇带着两个小儿子生活。在他们住的宅院中有个古墓。妇人好喝茶，并且每次煎好茶后都会先祭祀墓中亡魂再自己饮用。她的两个儿子很不高兴，要把墓掘走，被她制止了。当晚妇人梦到墓中人对她说："我住在这个墓中已有三百多年了，您的儿子常想把我的住处毁掉，全靠您的保护，还让我享受到上好的香茶。虽然我是黄泉下的朽骨，怎敢忘掉有恩必报的道理呢。"到了早晨，女主人在自己的庭院中发现了十万钱币，看上去这些钱在土里已埋很久了，穿钱的线绳却是新的。她告诉了两个儿子，他们感到很惭愧。从此这家对墓中人的祭祀更加殷勤了。看来，不仅"有钱能使鬼推磨"，还"有茶能使鬼送钱"。不过从这则故事可见，南北朝时期，以茶为祭得到了广泛的应用。齐武帝曾专门下诏，用茶祭祀生母亡灵。

《广陵耆老传》："晋元帝时，有老姬每旦独提一器茗，往市鬻①之，市人竞买。自旦至夕，其器不减。所得钱散路旁孤贫乞人。人或异之。州法曹②絷③之狱中。至夜，老姬执所鬻茗器从狱牖④中飞出。"

《艺术传》⑤："敦煌人单道开，不畏寒暑，常服小石子。所服药有松、桂、蜜之气，所饮茶苏⑥而已。"

释道该说《续名僧传》："宋⑦释⑧法瑶，姓杨氏，河东人。元嘉⑨中过江，遇沈台真，请真君武康小山寺，年垂悬车⑩。饭所饮茶。大明中，敕吴兴⑪礼致上京，年七十九。"

【注释】

①鬻（yù）：卖。

②法曹：古代司法部门的官吏。《新唐书·百官志》载："法曹，司法参军事，掌鞫狱丽法，督盗贼，知赃贿没入。"

③縶（zhí）：捆绑。

④牖（yǒu）：窗户。

⑤《艺术传》：即《晋书·艺术列传》，由唐代房玄龄所著。

⑥茶苏：一种用茶和紫苏调剂的饮料。

⑦宋：南朝刘宋王朝。

⑧释：僧人。

⑨元嘉：即永嘉，西晋晋怀帝司马炽的一个年号。

⑩悬车：古人一般至七十岁时便辞官回家，废车不用，故云。《旧唐书·李百药传》载："及悬车告老，怡然自得。"这里借指七十岁。

⑪吴兴：古代郡县的名称，地处长江三角洲中心地带。这里指吴兴的官吏。

【解读】

这几则将茶的功用进一步神化了。

《广陵耆老传》中说，晋元帝时期，有一位做小生意的老婆婆。每日清晨，她一个人提着煮茶器皿到市上去卖。市上的人争相买来饮，生意十分红火。老婆婆将赚得的钱施舍给路旁的孤儿、穷人或乞丐。有人将老婆婆她看作是怪人，便向官府报告，官吏将老婆婆抓进了监狱。到了晚上，老婆婆提着卖茶的器皿，竟然从监狱窗口飞出去了。

《艺术传》中说，敦煌人单道开，好隐栖，修行辟谷。相传他冬天不畏寒，夏天不畏热，且经常吃小石子，所服之物有松、桂、蜜的香气，所饮之物只有茶苏。后来，单道开移居河南昭德寺，坐禅时以饮茶驱睡，最终百余岁而卒。

《续名僧传》中说，南朝刘宋时有一个叫法瑶的和尚，曾在武康小山寺遇到沈台真君。沈台真君年纪很大，平时不吃饭，只饮茶。后来，皇上下令吴兴的官吏隆重地将他接进了京城，那时他已七十九岁高龄了。

禅茶一味，自古茶人就将品茶与修禅结合起来，讲求品饮悟

禅茶一味

道的文化情韵。这几则列举了两位跟茶有关的僧人。一个是沈台真君,另一个是单道开。沈台真君饭后饮茶,单道开吃完药后喝茶,两个人都是得道高僧,也都活过了 100 岁。

中国的茶文化传入日本,也正是始于寺庙的饮茶活动。宋理宗开庆元年(1259 年),日僧南浦绍明禅师(1236—1308 年)入宋求法,拜杭州净慈寺虚堂智愚为师,跟随大师到径山学习。在认真研习佛学的同时,他还潜心学习径山茶的栽、制技术和寺院茶宴仪式，从而将最负盛名的径山茶宴带回日本，才促成了日本茶道的最终形成。日本《类聚名物考》载："茶道之起在正元中，竺前崇福寺开山南浦绍明由宋传入。"日本《虚堂智愚禅师考》也载："南浦绍明从径山把中国的茶台子、茶典七部传来日本。"

起源于中国的日本茶道（图片提供：微图）

宋《江氏家传》："江统①，字应元，迁愍怀②太子冼马③，尝上疏。谏云：'今西园卖醯④、面、蓝子、菜、茶之属，亏败国体。'"

《宋录》："新安王子鸾、豫章王子尚，诣⑤昙济道人于八公山。道人设茶茗。子尚味之曰：'此甘露也，何言茶茗？'"

王微《杂诗》："寂寂掩高阁，寥寥空广厦。待君竟不归，收领今就槚⑥。"

鲍照⑦妹令晖⑧著《香茗赋》。

南齐世祖武皇帝《遗诏》："我灵座上慎勿以牲为祭，但设饼果、茶饮、干饭、酒脯而已。"

梁刘孝绰⑨《谢晋安王饷米等启》："传诏李孟孙宣教旨，垂赐米、酒、瓜、笋、菹⑩、脯、鲊⑪、茗八种。气苾⑫新城，味芳云松。江潭抽节⑬，迈⑭昌荇之珍；疆场擢翘⑮，越葺精之美。羞非纯束野麐，裛⑯似雪之驴；鲊异陶瓶河鲤，操如琼之粲⑰。茗同食粲，酢类望柑。免千里宿舂，省三月粮聚。小人怀惠，大懿难忘。"

陶弘景《杂录》："苦茶，轻身换骨，昔旦丘子、黄山君服之。"

《后魏录》："琅琊王肃仕南朝，好茗饮、莼羹。及还北地，又好羊肉、酪浆。人或问之：'茗何如酪？'萧曰：'茗不堪与酪为奴。'"

【注释】

①江统（？—310年）：西晋官员，著《徙戎论》闻名于世。

②愍怀：即愍怀太子司马遹（278—300年），晋武帝司马炎之孙，晋惠帝司马衷长子，生性奢侈残暴。

③太子冼马：辅佐太子、教太子管理朝廷事务的官员。

④醯（xī）：醋。

⑤诣：拜访。

⑥槚（jiǎ）：一种茶树。

⑦鲍照（415—466年）：南朝宋文学家、诗人，擅长乐府诗。

⑧令晖：鲍令晖，女文学家，鲍照之妹，著有《香茗赋集》，今已散佚。

⑨刘孝绰（481—539年）：南朝梁国官员、文学家，被誉为"中国楹联第一人"。

⑩菹（zū）：酸菜，腌菜。

⑪鲊（zhǎ）：一种鱼。

⑫苾：芳香。

⑬抽节：即竹笋。

⑭迈：胜过。

⑮疆场擢翘：田头肥硕的瓜菜。

⑯裛（yì）：香气。

⑰粲：鲜明。这里指鲜美。

【解读】

　　南北朝时期，茶已成为上至王公贵族，下至平民百姓皆喜好的饮品，几近"日常茶饭事"。

　　江统任太子洗马时，太子司马遹生活奢靡，甚至在宫中摆摊，切肉卖酒，并在西园销售茶叶等货物，收取利润。于是江统上书劝谏改正这一不良风气，并提出了一系列建议。

　　新安郡（即徽州）人王子鸾、王子尚曾到八公山拜访昙济道人。好客的昙济道人以茶招待两人。王子尚品尝茶水后，赞叹道："这是甘露啊，怎么说是茶呢？"

　　南朝宋画家王微曾做《杂诗》，诗中主人公用饮茶来解愁绪。女文学家鲍令晖曾作《香茗赋集》来赞颂饮茶。南齐世祖武皇帝曾下遗诏，将茶特设为自己灵座前的祭品。

　　南朝梁的文学家刘孝绰曾给晋安王萧纲写过《谢晋安王饷米等启》的回呈，表达了对萧纲赏赐其食物的感谢之情。回呈中提到

《调琴品茗图》【局部】周昉（唐）

了八种食物：米、酒、瓜、笋、酸菜、肉干、腌鱼、茗，其中前七项都是人们日常生活中必不可少的食品，而茗能与之并列，可见饮茶在当时已是非常普遍的现象。

东晋陶弘景在《杂录》中说："苦茶能使人身体变轻，羽化登仙，像仙人丹邱子、黄山君都曾饮用茶。"此话虽为夸张的说法，但从中不难看出人们对茶的推崇。

陆羽还提到了琅琊王司马肃喜茶的典故。琅琊人王肃曾在南朝齐国当官，《洛阳伽蓝记》卷三载："肃初入国，不食羊肉及酪浆等物，常饭鲫鱼羹，渴饮茗汁。"后来，王肃回到了北魏，在喜欢北方特产羊肉奶酪的同时，也没有改变饮茶的习惯，认为茶的品位并不在奶酪之下。

陆羽在此罗列的主要是南北朝时期的茶事。事实上，陆羽生活的唐代，文人阶层尤为推崇茶事。前有皎然、陆羽的倡导，后有李白、元稹、白居易、卢仝、陆龟蒙、刘禹锡等人的追捧，几乎唐代的顶级文人都参与了茶事活动。文人时常因茶聚会、借茶咏诗。他们品茶鉴水，精研茶艺，对茶的发展产生了积极作用。

陆羽在湖州苕溪定居时，相遇皎然，一见如故。陆羽注重茶道的科学性和精神性，皎然关注茶道的艺术境界，二人相互补充，相得益彰，同心协力推行茶道，吸引了许多文人雅士和达官贵人，其中有著名书法家湖州刺史颜真卿、常州刺史李栖筠、诗人袁高、皇甫冉和皇甫曾兄弟、张志和、孟郊，以及女道士李冶等。他们都是茶的爱好者和推崇者，也是陆羽、皎然的崇拜者和支持者。皎然本姓谢，能诗文，善烹茶，初时居在妙喜寺，经常去苕溪拜访陆羽，二人交往的诗作在《全唐诗》中有二十多首。

大诗人李白曾在金陵漫游时见到同宗的侄子、出家僧人中孚禅师。中孚禅师不仅送给这位名满天下的族叔数十片荆州玉泉寺附近清溪诸山所产新茶，还写了一首诗，并借机要李白的答诗。于是李白不仅为此茶命了名，还写下了一首带序的诗，在序中他很得意地写了这段缘由："余游金陵，见宗僧中孚，示余茶数十片，拳然重叠，其状如手，号为'仙人掌茶'，盖新出乎玉泉之山，旷古未觌（音"敌"）。因持之见遗，兼赠诗，要余答之，遂有此作。后之高僧大隐，知仙人掌茶发乎中孚禅子及青莲居士李白也。"诗中对茶的养生作用做了特别的表述："茗生此中石，玉泉流不歇。根柯洒芳津，采服润肌骨。"意思是：此处的石上生长着佳茗，玉泉在下流淌不停，茶树的根和枝茎都被泉水滋润着，采服此茶可以丰润肌骨。李白还在诗序中举寺中玉泉真公为例，说他常采而饮之，所以"年八十余岁，颜色如桃花。而此茗清香滑熟，异于他者，所以

禅寺香茗

能还童振枯，扶人寿也"。

文学家卢仝更是吃茶成癖，他的《走笔谢孟谏议寄新茶》（即《七碗茶歌》）为他赢得了茶中"亚圣"的称号。

一碗喉吻润，

两碗破孤闷。

三碗搜枯肠，惟有文字五千卷。

四碗发轻汗，平生不平事，尽向毛孔散。

五碗肌骨清，六碗通仙灵。

七碗吃不得也，唯觉两腋习习清风生。

蓬莱山，在何处？玉川子，乘此清风欲归去。

《桐君录》①："西阳、武昌、庐江、晋陵好茗，皆东人②作清茗。茗有饽，饮之宜人。凡可饮之物，皆多取其叶。天门冬、拔蕟取根，皆益人。又巴东③别有真茗茶，煎饮令人不眠。俗中多煮檀叶并大皂李作茶，并冷。又南方有瓜芦木、亦似茗，至苦涩，取为屑茶饮，亦可通夜不眠。煮盐人但资④此饮，而交、广⑤最重，客来先设，乃加以香芼⑥辈。"

《坤元录》："辰州溆浦县西北三百五十里无射山，云蛮俗当吉庆之时，亲族集会歌舞于山上。山多茶树。"

《括地图》："临遂县东一百四十里有茶溪。"

山谦之《吴兴记》："乌程县西二十里，有温山，出御荈⑦。"

《夷陵图经》："黄牛、荆门、女观、望州等山，茶茗出焉。"

《永嘉图经》："永嘉县东三百里有白茶山。"

《淮阴图经》："山阳县南二十里有茶坡。"

《茶陵图经》："茶陵者，所谓陵谷生茶茗焉。"

【注释】

①《桐君录》：全称《桐君采药录》，相传为桐君所著。
②东人：请客的主人。
③巴东：今四川万县。

④但资：全靠。
⑤交、广：今广西合浦、北海市一带。
⑥香茅：香菜。
⑦御荈：贡茶。

【解读】

　　这几则介绍的是唐代以前的茶叶产地。据《桐君录》记载，湖北黄冈、武昌、安徽庐江、江苏武进等地盛产茶叶。当地人特别热衷饮茶，每逢客人造访，主人都以茶招待。茶有汤花浮沫，喝了对人身体有好处。而湖北巴东有真茶，饮后能使人神清气爽而不会瞌睡。巴东人也把蒸煮后的檀叶和大皂李叶汤水当茶饮用，其味道清爽可口。另外，南方瓜芦树的叶非常大，煮后有苦涩之味，但人们也像喝茶一样饮用，特别是煮盐的人，全都以此来提高彻夜不眠时的精神状态。而交州和广州一带最重视饮茶，客人来了，会以茶招待，并在其中加上芳香佐料。

　　此外，辰州（今湖南溆浦县）的无射山，临遂县的茶溪，乌程县（今浙江湖州）的温山，湖北一带的黄牛、荆门、女观、望州等山，永嘉县东面的白茶山，山阳县以南的茶坡，以及湖南茶陵县南面的茶山等，均是产茶胜地。

　　《本草》①《木部篇》："茗，苦茶。味甘苦，微寒，无毒。主痿疮，利小便，去痰渴热，令人少睡。秋采之苦，主下气消食。"《注》②云："春采之。"

《本草》《菜部篇》："苦茶，一名茶，一名选，一名游冬，生益州川谷，山陵道旁，凌冬不死。三月三日采，干。"《注》云：'疑此即是今茶，一名茶，令人不眠。'《本草》注："按，《诗》云'谁谓茶苦'，又云'堇茶如饴'，皆苦菜也。陶谓之苦茶，木类，非菜流。茗春采，谓之苦槚。"

《枕中方》③："疗积年瘘，苦茶、蜈蚣并炙，令香熟，等分，捣筛，煮甘草汤洗，以末敷之。"

《孺子方》："疗小儿无故惊蹶，以苦茶、葱须煮服之。"

【注释】

① 《本草》：即《唐新修本草》，又称《唐本草》，是对陶弘景的《本草经集注》的增补与修订。
② 《注》：陶弘景的《本草经集注》。
③ 《枕中方》：《摄养枕中方》，唐代孙思邈所著的养生书。

【解读】

这几则记述了唐代以前医书中对于茶的治病功效的记载。如《唐本草》载，茶味甘苦，性微寒，无毒，主治瘘疮，利尿，祛痰，解渴，散热，使人少眠。秋天采摘有苦味，能助消化。《摄养枕中方》载，治疗多年来没有治愈的瘘疮，用茶叶和蜈蚣一起烧，

有清肠胃功效的绿茶

炙熟散发出香气，再等分两份，捣碎、过筛，拿一份加甘草煮汤洗
患处，另一份敷在疮口。《孺子方》载，治疗小儿没有原因的惊
厥，可以用茶叶加葱煮成汤服用。

八之出

山南①，以峡州上，襄州、荆州次，衡州下，金州、梁州又下。

【注释】

①山南：唐贞观十道之一，今湖北大江以北，汉水以西，陕西终南以南，河南北岭以南，四川剑阁以东大江以南之地。唐贞观元年，将全国划分为十道，道辖郡州，郡州辖县。

【解读】

　　唐代的茶叶种植面积大增，产区数量也大大增多。由于南北气候相差悬殊，在不同的地理、气候环境下，各地生产的茶叶质量也不尽相同，通过时人的评比，当时产生了不少的名茶。

　　在《八之出》中，陆羽根据自己亲身考察的经历，给各地茶叶的优劣进行评定。他将唐代全国茶区分为八大块，分别是山南、淮南、浙西、剑南、浙东、黔中、江南以及岭南，并以上、中、下、又下四个级别，对每一茶区不同地方所产茶叶质地进行评定。

　　但时代发展至今，饮茶方式发生了巨大的改变，茶叶的品类也愈加丰富，今天的名茶早已不局限于《茶经》所提及的。

陆羽提到的山南茶区，以峡州（今湖北宜昌）产的茶最好，襄州、荆州的次之，衡州（今湖南衡阳）产的差些，金州（今陕西安康）、梁州产的最差。

产于湖南衡山的衡阳云雾茶，在唐代就被列为"贡茶"。相传在唐代天宝年间，江苏清晏禅师在南岳庙任住持时，一日见有一条大白蛇口含茶子游过，并将茶子埋在寺庙旁边。不久，寺旁便长出几株茶树，自此南岳便产茶了。人们用这些世代流传的美好故事讲述着衡阳云雾茶的来历，无疑是对云雾茶的推崇及对其灵气的赞美。衡山云雾茶叶又尖又长，好像枪尖，冲泡后叶尖朝上，叶瓣斜展如旗，鲜润嫩绿，香气浓郁，饮后滋味醇厚令人回味。有诗人品尝了南岳云雾茶后做诗"谁道色香味，只许入皇家；今上毗庐洞，逍遥尝贡茶"，大加赞扬。素以翠绿匀润，鲜醇厚实、嫩香持久而闻名遐迩。

衡阳云雾茶

产于湖南岳阳洞庭湖中的君山银针茶历史亦十分悠久，唐代就已闻名于世，因茶叶满披茸毛，底色泛黄，冲泡后如黄色羽毛一样根根竖立，一度被称为"黄翎毛"。后唐明宗皇帝李嗣源在一次上朝时，侍臣为他捧杯沏了一壶茶，

君山银针

开水向壶中冲时，即刻看到一团白雾腾空而起。明宗再看时，发现杯中的茶叶一律齐崭崭悬竖，就像是一群破土的竹笋，再过一会儿，茶叶又慢慢下沉，如同落雪花一般。明宗问侍臣，侍臣回答："这是君山柳毅井水泡黄翎毛的缘故。"明宗听后，随即下旨将君山黄翎毛定为贡茶。乾隆皇帝下江南时品尝到君山银针，也十分赞许，即御封贡茶。据《巴陵县志》记载："君山产茶嫩绿似莲心。"又据《湖南省新通志》记载："君山茶色味似龙井，叶微宽而绿过之。"银针茶在茶树刚冒出一个芽头时采摘，经杀青、摊凉、初烘、初包、复烘、摊凉、复包、足火等多道工序制成。其成品茶芽头茁壮，长短大小均匀，内呈橙黄色，外裹一层白毫，故得雅号"金镶玉"，又因茶芽外形很像一根根银针，故名"君山银针"。君山银针茶香飘逸，味醇甘爽，汤黄澄高。饮用时，将君山银针放入玻璃杯内，以沸水冲泡，冲泡后，开始茶叶全部冲向上面，继而徐徐下沉，三起三落，浑然一体，堪为杯中奇观，有人赞叹它如"雨后春笋"，有人说是"金菊怒放"，入口则有清香沁人，齿颊留芳之感。

产于湖南省岳阳市北港和岳阳县康王乡一带的北港毛尖，早在唐代就有关于此茶的记载，被称为"邕湖茶"，斐济在《茶述》中列出了十种贡茶，邕湖茶就是其中之一。李肇的《唐国史补》中也有"岳州有邕湖之含膏"的记载。据传文成公主当年出嫁西藏时，就曾带去邕湖茶。清代的黄本骥在《湖南方物志》中有云："岳州之黄翎毛，岳阳之含膏冷，唐宋时产茶名。"到了清代乾隆年间此茶已经颇负盛名。北港毛尖根据老嫩程度可分为特号、一号、二号、三号和四号五

北港毛尖

个等级，一般于每年的清明后五六天开始采摘，特号的北港毛尖一般只采其一芽为原料，一号毛尖原料为一芽一叶，二、三号的毛尖原料则为一芽二、三叶。采摘来的鲜叶经锅炒、锅揉、拍汗、复炒和烘干五道工序制作而成，制成后的茶条索肥厚，毫尖显露，色泽金黄，冲泡后的茶汤色泽橙黄，香气清高，入口滋味醇厚，甘甜爽口，叶底肥嫩。

淮南①，以光州上，义阳郡、舒州次，寿州下，蕲州、黄州又下。

【注释】

①淮南：唐贞观十道之一，今江苏省中部、安徽省中部、湖北省东北部和河南省东南角。

【解读】

这一则是说淮南茶区，光州（今河南光山，一说潢川）出产的为上品，义阳郡（今河南信阳）和舒州（今安徽怀宁）次之，寿州（今安徽六安）要差一些，蕲州（今湖北蕲春）、黄州（今湖北黄冈）则更差。

根据这一则，按现在的产茶区来讲，产于安徽六安、金寨、霍山三县之毗邻山区和低山丘陵的六安瓜片是近代创制的名茶，但早在唐代，六安茶就是为人所知的名茶之一。六安瓜片形似瓜子的单片，自然平展，叶缘微翘，色泽宝绿，大小匀整，不含芽尖、茶梗，

霍山黄芽茶汤

清香高爽，滋味甘甜鲜醇，汤色清澈透亮，叶底嫩绿明亮。六安瓜
片还是名茶中唯一以单片嫩叶炒制而成的产品，这也成为六安瓜片
的经典特色。

产于安徽省霍山大别山腹地大化坪、上和街、姚家畈、太阳河
一带的霍山黄芽，属于黄芽茶，可称得上是黄芽茶中的珍品，为安徽
历史第一茶。早在司马迁的《史记》中就有记述："寿春之山（霍山

曾隶属寿州，故称寿春之山）有黄芽焉，可煮而饮，久服得仙。"到了清代，霍山黄芽已经被定为贡茶，历年岁贡三百斤。如今，霍山黄芽已被列为中国名茶之一，"金叶黄芽"与黄山、黄梅戏并称为"安徽三黄"。霍山黄芽一般于谷雨前两、三天开始采摘，采摘标准为一芽一叶、一芽二叶初展，经杀青、初烘、摊凉、复烘、足烘五道工序制作而成，成茶形似雀舌，细嫩多毫，叶色嫩黄，冲泡后的茶汤黄绿，香气鲜爽，有板栗香，滋味浓醇。

产于河南信阳大别山的信阳毛尖亦是这一地区的名茶。史料记载，信阳种植茶叶始于战国中后期，相传武则天因饮信阳茶治好了肠胃病，特赐在毛尖产地车云山上建千佛塔一座，以彰茶功。信阳毛尖以原料细嫩、制工精巧、形美、香高、味长而闻名。外形条索紧细、圆、光、直，一般一芽一叶或一芽二叶，内质香气清高，汤色明净，滋味醇厚，饮后回甘生津，冲泡四五次，仍留有香气。信阳毛尖最好的采摘期在"清明"过后，"谷雨"之前。5月底以前采的为春茶，采摘时间为 40 天左右，5 月底春茶结束停采 5 天，再采为夏茶，采摘时间为一个月左右。8、9 月间，秋芽萌发，采之则称为"秋茶"。秋季萌芽多为养树而不摘，于是便有"头茶苦、

信阳毛尖茶样

信阳毛尖茶园

二茶涩、秋茶好喝舍不得"之说。信阳毛尖炒制的工艺规程考究,分为青叶入生锅、熟锅、初烘、摊凉、复烘、择拣、再复烘几个步骤。传承了千百年的手工制茶工艺,使信阳毛尖形成了无与伦比的独特品质,陆羽更是将光州茶（信阳毛尖）列为茶中上品,宋代大文豪苏东坡又有"淮南茶信阳第一"的千古定论。

浙西①,以湖州上,常州次,宣州、杭州、睦州、歙州下,润州、苏州又下。

【注释】

①浙西：苏南地区。

【解读】

　　这一则中说，在浙西茶区中，湖州出产的茶最好，常州次之，宣州、杭州、睦州（今千岛湖一带）、歙州（今安徽黄山的歙县、黟县一带）要差一些，润州、苏州则更差。

　　同样，从现在的产茶区来讲，产于安徽省黄山太平湖畔的太平猴魁，是茶叶极品中的极品。其产区三面临水，一面连山，山区林木漫山遍野，各种野花丛生，与茶叶一起被云雾笼罩，湖漾溪流，山清水秀，怡然成画。19世纪末，此地产制"尖茶"，尖茶中的极品"奎尖"，以品质优异获得赞赏，后来在原有的基础上加以改进提高，并冠上地名，称为"猴魁"。太平猴魁的鲜叶采摘非常具有特色，它有自己的标准：一芽三叶初展。且有"四拣"之说：一拣山，二拣丛，三拣枝，四拣尖。采摘的时间是上午采，中午拣，并在当天内制完。另外，太平猴魁的采摘还有一个特点，就是要在晴天进行，雨天不采。"猴魁两头尖，不散不翘不卷边"的说法是茶者所熟知的，这句话的缘由就是太平猴魁的外形是两叶芽，自然舒展，白毫隐伏。叶色葱绿匀润，叶脉绿中隐显红色，俗称"红丝线"。花香高爽，滋味甘醇，香味有独特的"猴韵"，汤色清绿明净，叶底嫩绿匀亮，芽叶成朵肥壮。品尝时能感到初泡香醇高爽、二泡味道浓蕴、三泡四泡茶味仍然沁人心脾。

　　产于安徽省祁门、东至、贵池、石台、黟

叶底嫩绿的太平猴魁

县一带的祁门红茶，历史悠久，早在唐代就已经很有名了。那时休宁、祁门、歙县所产茶叶以浮梁为集散地，大诗人白居易的诗中就有"商人重利轻别离，前月浮梁买茶去"的句子；唐代杨华所著的《膳夫经手录》中也有"歙州、婺州、祁门方茶制置精好，商贾所赏，数千里不绝于道路"的记载，这说明了祁门在唐代时期已经是较为重要的茶叶产地。一直到

茶汤红亮的祁门红茶

清朝光绪以前，祁门地区都是以产绿茶为主的，直到光绪年间，黟县人余干臣由福建回乡，开始尝试着效仿"闽红"的制作方法，试制祁红成功，后来在他的带动下，祁门逐渐形成了红茶产区。现在祁门红茶多年来一直都是我国的国事礼茶，而且和印度的大吉岭红茶还有斯里兰卡的乌伐红茶并称为"世界三大高香红茶"。祁门红茶只采其一芽二叶，经萎凋、揉捻、发酵等工序制作而成，制作后的成茶条索紧细匀整，苗锋秀丽，色泽乌润，俗称"宝光"，冲泡后的茶汤色泽红亮，香气甜鲜，滋味醇和鲜爽。上等的祁门红茶有一种与众不同的兰

花香，被称为"祁门香"，是祁门红茶所特有的香气。

产于浙江省天目山北麓安吉山河、山川、章村一带的安吉白茶，属于半烘炒型绿茶。宋朝时的《大观茶论》曾记载："白茶，与常茶不同，其条敷阐，其叶莹薄。崖林之间，偶然生出，虽非人力所可致。有者不过四五家，生者不过一、二株，所造止于二、三胯而已。芽英不多，尤难蒸培……"这些史料都说明了安吉白茶的珍贵性。安吉白茶，一般均采摘一芽一叶初展，经杀青、清风、压片、初烘、摊凉、复烘等复杂的工序制作而成，制成的茶条索挺直扁平，形似兰花，色泽翠绿，白毫显露，冲泡后的茶汤清澈明亮，清香四溢，鲜甜爽口，叶底柔软嫩绿。

产于杭州市风景优美的西子湖畔的西湖龙井，几乎是今人皆知的名茶。清代乾隆皇帝六次下江南，四次游历龙井茶区，品茶作诗，赐封狮峰山下胡公庙前十八棵茶为"御茶"。西湖龙井茶独特的品质，源于得天独厚的生态环境。这里四季分明，雨量充沛而均匀，特别是春茶期间，经常细雨蒙蒙，云雾缭绕，加上大部分茶园分布在傍溪靠涧的谷地或山坡，土壤多为砂质土，结构松软，通气透水，含有效磷酸较多，有利于茶树生长发育，使得茶树根深叶密，常年碧透，萌芽轮次多，采摘时间长，从垂柳初绿，直至层林尽染，都可采摘。龙井茶采制技术相当考究，采得早、采得嫩、采得勤，是龙井茶采摘的三大特点。历来龙井茶采摘以早为贵，通常在清明前采摘的龙井茶品质最佳，称明前茶；谷雨前采制的品质稍逊，称雨前茶。而谷雨之后的就非上品了。明人田艺衡曾有"烹煎黄金芽，不取谷雨后"之语。龙井茶的色泽翠绿光润，外形扁平光滑挺直，汤色碧绿明亮，香气鲜嫩清高，滋味甘醇鲜爽，向有"色绿、香郁、味醇、形美"四绝之誉。

产于江苏省苏州市吴县的洞庭东西山一带的碧螺春，属于炒青绿茶，是我国十大名茶之一。早在宋代，碧螺春就作为贡品上贡朝廷，宋人朱长文的《吴郡图经续》中这样记载："洞庭山出美茶，旧入为贡。"清代王应奎的《柳南续笔》中有云："洞庭东山碧螺峰石壁，产野茶数株。每岁土人持竹筐采归，以供日用，历数十年如此，未见其异也。康熙某年，按候以采，而其叶较多，筐不胜贮，因置怀间。茶得热气，异香忽发，采茶者争呼'吓煞人香'。"后来康熙皇帝觉得"吓煞人香"

在茶园内采摘碧螺春

其名不雅，于是御笔亲提"碧螺春"。碧螺春于每年春分至谷雨时节采摘，采一芽一叶初展，经摊青、杀青、炒揉、搓团、焙干等工序制作而成。成茶条索纤细，卷曲成螺，色泽银绿隐翠、茸毛丰富，有浓郁的清香和花果香，素有"一嫩三鲜"之称。冲泡后的汤色清澈嫩绿，清新淡雅，滋味鲜醇，叶底芽大叶小，柔软匀整。当地茶农对碧螺春的描述为："铜丝条，螺旋形，浑身毛，花香果味，鲜爽生津。"

产于安徽省黄山市黄山一带的黄山毛峰，属于条形烘青绿茶，是中国十大名茶之一。黄山地区产茶的历史已久，早在明代，许次纾所著的《茶疏》一书中就有记载："若歙之松萝，吴之虎丘，钱塘之龙井，香气浓郁，并可雁行，与颉颃，往郭次甫亟称黄山……"直到清朝光绪年间，有位歙县茶商谢正安（字静和）开办了"谢裕泰"茶行，为了迎合市场需要，每年的清明前后，他亲自率人到黄山充川、汤口等高山名园选采肥嫩芽叶，经过精细炒焙，创制了风味俱佳的优质茶，由于该茶白毫披身，芽尖似峰，取名"毛峰"，后来加冠地名，称为"黄山毛峰"。黄山毛峰于每年的清明前后采摘，采其一芽一叶初展，经杀青、揉捻、烘焙等工序制作而成，制作后的成茶形似雀舌，匀齐壮实，峰显毫露，色如象牙，鱼叶金黄，冲泡后的茶汤明亮清澈，滋味鲜浓，醇厚甘甜。特级的黄山毛峰可用八个字来概括其优良品质，即：香高、味醇、汤清、色润，堪称毛峰茶中的极品。

黄山毛峰

剑南①以彭州上，绵州、蜀州次，邛州次，雅州、泸州下，眉州、汉州又下。

【注释】

①剑南：唐贞观十道之一，位于剑门关以南，故名。今四川省大部，云南省澜沧江、哀牢山以东及贵州省北端、甘肃省文县。

【解读】

此则认为，在剑南茶区，彭州（今四川彭州）出产的茶最好，绵州（今四川绵阳一带）、蜀州（今四川崇庆）稍次，邛州也次，雅州（今四川雅安一带）、泸州为下，眉州（今四川眉山）、汉州（今四川广汉）又下。

按照现在产茶区的分布，产于四川省邛崃山脉中段、成都平原之西的蒙顶茶，起源于西汉。古代《天下大蒙山》碑记云：西汉时期，茶

蒙顶茶

祖吴理真在蒙顶山种下七株茶树，由此开创世界人工种茶先河，而吴理真也成为世界种茶第一人，被后人尊称为"茶祖"。《名山县志》则说："两千年不枯不长，其茶叶细而长，味甘而清，色黄而碧，酌杯中香云蒙覆其上，凝结不散，以其异谓曰'仙茶'。每岁采贡三百三十五叶，天子郊天及祀太庙用之。"可见蒙顶茶之久，之妙，之绝。蒙顶茶自唐朝列为贡茶，一直沿袭至清末，"年年岁岁，皆为贡品"，持续千年，世间罕见。蒙顶山的茶韵遗痕，堪称世间难得的茶遗产。山顶清峰下的皇茶园，是我国最早有文字记载的人工栽培茶园，宋代孝宗皇帝用石栏围起，正式命名为"皇茶园"；清代则列为禁地。其旁的蒙泉，用以冲泡蒙顶茶，是色香味俱佳的绝配圣水，玉女峰右侧的甘露石室，留有茶祖吴理真的塑像。山间晨雾，洗涤着古老的石栏和皇茶园碑记的千年尘埃，石栏内的茶树依旧郁郁葱葱，十二平方米的仙茶地，立有护茶的石虎塑像，无声诉说巡山白虎护茶园的神话。"扬子江心水，蒙山顶上茶"，本是千古绝唱，古老的皇茶园，更是悠久历史的见证，使蒙山茶在中国茶史上地位显赫。

产于四川省峨眉山市及周围地区的竹叶青，属于扁形炒青绿茶。早在佛教传入我国以前，峨眉山已经开始发现和利用茶叶了，根据《华阳国志·蜀志》中的记载："南安、武阳皆出名茶。"这里提到的南安，就是今天的乐山市所在地，距峨眉山只有 25 千米。竹叶青采摘自四川小种，采其一芽一叶或一芽二叶初展，精制后的成茶外形扁平似竹叶，冲泡后的茶汤黄绿明亮，香气高长持久，滋味鲜浓爽口。

产于云南澜沧江沿岸的临沧、保山、思茅、西双版纳、德宏、红河一带的滇红茶是云南红茶的统称，又称"滇红功夫茶"。该茶属于条形茶，采摘一芽二三叶，经萎凋、揉捻、发酵、干燥等工序

普洱茶山

制作而成。滇红功夫茶中，品质最优的当数"滇红特级礼茶"，只采摘一芽一叶制作而成，成品茶芽叶肥壮，苗锋秀丽完整，金毫显露，色泽乌黑油润，汤色红浓透明，滋味浓厚鲜爽，香气高醇持久，叶底红匀明亮。

产于云南省思茅、西双版纳、昆明和宜良地区的普洱茶，有着悠久的历史。云南是世界茶树的原生地，全国乃至全世界很多茶叶的根源都在这里，东晋常璩的《华阳国志》中有记载，早在三千多年前的时候，云南地区就已经有人开始种茶，并将制作的茶敬奉给周武王。直到唐朝时期，普洱茶才开始大规模的种植和生产，那时候，人们将普洱茶称之为"普茶"。到了宋朝、明朝时期，普洱茶已经开始向中原地带蔓延，而且已经成为当时经济贸易中很重要的角色。清朝时期，普洱茶达到了鼎盛，并且被列为贡茶的行列，也常常作为国礼，赠送给外国使节。到了民国时期，普洱茶又得到了一定的发展，但是已经开始出现了很多假冒的普洱茶了。近些年来，随着社会经济的发展和人们生活水平的提高，人们越来越注重生活的品质，所以极具保健功效的普洱茶更是得到了人们的追捧，普洱茶的发展再次进入鼎盛时期。

普洱茶可根据其外形的不同分为散茶、砖茶、沱茶、饼茶、金瓜贡茶等。其中，普洱饼茶是产于云南的饼形紧压茶，由宋代"龙凤团茶"演变而来，有"青饼"和"熟饼"之分。"青饼"是由云南大叶种高、中档晒青毛茶为原料而制成的饼茶，色泽乌润，披白毫，冲泡后的茶汤色泽橙黄，滋味醇厚。熟饼是由云南大叶种普洱茶为原料制成的饼茶，其成茶色泽红褐，芽毫金黄。香气纯香，冲泡后的茶汤色泽深红，滋味醇厚香浓。最具代表性

普洱砖茶

普洱沱茶

普洱饼茶

的普洱饼茶为"七子饼茶"，主销东南亚一带的侨胞。七子饼茶外形美观，酷似满月，每七块饼茶包装为一筒，故名。早在周代，便有关于七子饼茶的记载。清雍正年间，朝廷在云贵设茶叶局，统管云南茶叶贸易，云南各茶山茶园顶级普洱茶由国家统一收购，挑选一流制茶师手工精制成饼，七饼一筐，于是命名为"七子饼茶"。现如今，七子饼茶仍然畅销于港、澳、台及东南亚地区，因为在海外华人的心目中，七子饼茶被视为"合家团圆"的象征和寄托，故七子饼茶又称为"侨销圆茶""侨销七子饼"。

> 浙东①，以越州上，明州、婺州次，台州下。

【注释】

①浙东：浙江东道节度使方镇的简称，驻地浙江绍兴。

【解读】

此则讲到浙东茶区，越州（今浙江绍兴）出产的最好，明州（今浙江宁波）、婺州（今浙江金华一带）稍次，台州较差。

现产于浙江省乐清市境内的雁荡山区的雁荡山毛峰，是闻名的高山云雾茶，古称"雁茗"。雁荡山山高雾浓、温差湿度大、土壤养分丰富，茶树终年承受云雾滋润，芽叶肥壮，长势甚好。明代雁茗曾被列为贡品，并被列为"雁山五珍"之一，佳茗之声闻名遐迩。据朱谏的《雁山志》记载，"浙东多茶品，而雁山者称最"；清代光绪年间，雁茗名声更胜，《瓯江逸志》载："瓯地茶，雁山为第一。"

顾渚紫笋茶园

雁荡毛峰品质独特，外形秀长紧结，茶质细嫩，色泽嫩绿，芽毫隐藏。汤色浅绿明净，香气高雅，滋味甘醇，叶底嫩匀成朵，有"三泡"加"三闻"之说。三泡是：头泡浓郁，二泡醇爽，三泡仍有怡人茶韵。三闻是：一闻浓香扑鼻，二闻香气芬芳，三闻茶香犹存。

产于浙江省湖州市长兴县顾渚山的顾渚紫笋茶是陆羽非常推崇的名茶。顾渚山东临太湖，南、北、西三面环山，处于亚热带季风区，气候温和，山区云雾弥漫，雨量充沛，土壤肥沃，以黄、红壤和石沙土为主，这种得天独厚的生态环境为紫笋茶的生长创造了最理想条件。顾渚紫笋茶因鲜茶芽叶微紫，嫩叶背卷似笋壳。传说紫笋茶被陆羽发现后，建议当地官员推荐给皇上，皇帝饮后大赞此茶甘醇，列为贡品。唐大历五年（770年），朝廷在顾渚山南麓虎头

浙江长兴贡茶院陆羽阁（图片提供：微图）

岩（今乌头山）建立官营的"顾渚紫笋茶作坊"，这是中国第一家贡茶院。其规模宏大，不但有茶厂三十间，"工匠千余人"，还有"役工三万人"，且组织严密，构架规整。中央有专职官员督办，地方有具体官员督造，"刺史主之，观察史总之"，"贡焙岁造一万四千八百斤"。湖州刺史为确保贡茶质量，每年立春过后即要进山，直到谷雨，贡茶焙制完毕才离山，自始至终督采、督制、督运。皇室还规定每年第一批茶，必须在清明前十天起程，由陆路快马运送，限清明节前运到京城长安（今西安），叫作"急程茶"。以致后来有李郢的诗句："一日王程路四千，到时须及清明宴。"顾渚紫笋茶由于品质优异，加工精制，贡额数量大，在全国名茶的排名中一直处于前茅。顾渚紫笋茶续贡时间长在历史上也是赫赫有名的，据文字资料记载在唐代续贡近一个世纪，自唐至明又延续800多年，所以，有人称它为贡茶中的"至尊"。紫笋茶的色泽翠绿，银毫明显，香孕兰蕙之清，味甘醇而鲜爽；茶汤清澈明亮，叶底细嫩成朵。冲泡后，茶汤清澈明亮，色泽翠绿带紫，味道甘鲜清爽，隐隐有兰花香气，"嗅之醉人，啜之赏心"。

> 黔中①，生思州、播州、费州、夷州。

【注释】

①黔中：唐开元十五道之一，治黔州（今重庆彭水县）。

【解读】

此则中的黔中茶产自思州、播州、费州、夷州等地。

如今，产于贵州省都匀茶场的都匀毛尖是一种卷曲形炒青绿茶。早在明代，御史张鹤楼来都匀茶山游览，就曾写下赞美的诗句："云钻山头，远看青云密布，茶香蝶舞，似为翠竹苍松。"《都匀春秋》中也这样记载："十八世纪末，广东、广西、湖南等地商贾，用以物易物的方式，换取鱼钩茶，运经广州销往海外。"可见当时都匀茶已经大面积生产并往海外销售。鲜叶采摘一芽一叶初展，经

茶的摊晾

杀青、锅揉、做形、焙干制作而成。成茶外形匀整，色泽翠绿，白毫显露，滋味浓爽，汤色清澈，叶底明亮。

　　产于贵州省印江梵净山永义茶场的梵净山贡茶是一种直条形炒青绿茶，又称"团龙贡茶"，早在明代永乐年间就已经被列为贡茶。明代的《柴氏谱志》中曾这样记载："永乐辛卯广征方物，土司以团龙茸茗而献之，上大悦，恩为宠物。"采摘一芽一叶，经杀青、整形、炒干而制成。成茶外形挺秀，色泽翠绿，香气浓郁，滋味鲜爽，汤色碧绿清澈。

产于贵州省石阡的泉都云雾茶是一种条形半烘半炒绿茶。由于石阡境内的地下天然热矿泉水资源丰富，所以被人称为"泉都"。《贵州通志》中记载："石阡茶、湄潭尖茶皆为贡品。"鲜叶采摘一芽一叶，经摊放、杀青、初揉、初炒、复揉、复炒提毫、烘干而制成。此茶条索紧结，色泽银白隐翠，白毫显露，有板栗香且浓郁，滋味醇爽，汤色清绿明亮，叶底肥嫩。

产于贵州省云雾山的贵定云雾是一种卷曲形炒青绿茶。早在明代洪武五年时已为皇宫贡品。清代的《康熙贵州通志》中曾这样记载："黔省各属皆产茶，贵定云雾最有名。"民国时期的《贵州通志》中也有云："黔省各属皆产茶，贵定云雾山最有名，惜产量太少，得之极不易。"鲜叶采摘一芽一叶初展，经杀青、搓团、初焙、摊晾、焙干而制成。成茶条索紧曲，形若鱼钩，色泽嫩绿显毫，滋味醇爽，汤色清澈明亮。

> 江西①，生鄂州、袁州、吉州。

【注释】

①江西：江西团练观察使方镇的简称，驻地位于今江西南昌市。

【解读】

此则所提到的江西茶产自鄂州、袁州、吉州等地。

产于江西省庐山 800 米以上的含鄱口、五老峰、汉阳峰、小天池、仙人洞等地的庐山云雾茶，至今已有一千多年的栽种历史。据史料记载，云雾茶始于晋代，兴盛于唐朝，到宋代被列为"贡茶"。据传，庐山云雾原是野生茶，古称"钻林茶"，有野生自然、林丛之象

庐山云雾茶

之意。后经东林寺名僧慧远之手培植成家生茶，以自制之茶款待挚友陶渊明、陆修静，有著名诗句"话茶吟诗，叙事谈经"。因庐山有"紫岚雾锁"之名，后将受雾岚滋润的茶取名为"云雾茶"。由于庐山受凉爽多雾气候的影响，其茶芽壮叶肥、白毫显露、醇甘耐泡，含单宁、芳香油类和维生素较多。风味独特的云雾茶，有"雾芽吸尽香龙脂"之称。朱德有诗赞曰："庐山云雾茶，味浓性泼辣。若得长年饮，延年益寿法。"庐山云雾茶最佳采摘期在4月下旬或5月上旬，采摘的鲜叶原料要求十分严格，只采叶子初展开的一芽一叶，叶长不超过3厘米。采回后先剔出紫芽和病叶，然后放于阴凉通风处4个小时左右，再进行炒制。庐山云雾茶的外形呈条索状，给人以重实、饱满之感；色泽碧润，芽隐绿；叶底嫩绿泛黄，柔软透明，香气芬芳；汤色绿中透亮；初饮浓醇鲜甘。庐山云雾属于绿茶的一种，有龙井般的醇厚，以"香馨、味厚、色翠、汤清"而闻名于中外。庐山除云雾茶闻名外，泉水也久负盛名。相传陆羽曾登庐山，在品评庐山诸泉后，将康王谷水帘水评为"天下第一名泉"，并为此题写了气势雄浑的联句："泻从千仞石，寄逐九江船。"此后，三叠泉名盛一时。

产于湖北省恩施市南部的芭蕉乡及东郊五峰山一带的恩施玉露，属于传统蒸青绿茶，是我国保留下来为数不多的蒸青绿茶之一。

恩施玉露是我国的传统名茶。早在唐代就有关于"施南方茶"的记载。明代黄一正所著的《事物绀珠》一书中记载："茶类今茶名……崇阳茶、蒲圻茶、圻茶、荆州茶、施州茶、南木茶（出江陵）。"到了清康熙年间，恩施芭蕉黄连溪有一个茶商姓兰，他所研制的茶叶外形紧圆、坚挺、色绿、毫白如玉，故称"玉绿"。到晚清至民国初期，湖北省民生公司管茶官杨润之，改锅炒杀青为蒸青，所制之茶油润翠绿，毫白如玉，汤色鲜亮、叶底绿亮、鲜香味爽，又将其改名为"玉露"。恩施玉露茶采摘一芽一叶或一芽二叶，经蒸汽杀青制作而成。成茶外形条索紧圆、光滑，纤细挺直如松针，苍翠绿润，如鲜绿豆，冲泡后的茶汤嫩绿明亮，滋味醇爽。茶绿、汤绿、叶底绿，这"三绿"是恩施玉露最为显著的特点。

产于江西省修水漫江乡一带的宁红，是我国最早的工夫红茶之一。当代"茶圣"吴觉农先生说："宁红是历史上最早支派，宁红早于祁红九十年，先有宁红，后有祁红"。早在唐代时期，修水县就已经盛产茶叶。后唐清泰二年（935年），毛文锡所著的《茶谱》中记载："洪城双井白芽，制作极精。至两宋，更蜚声国内。"南宋嘉泰四年（1204年），隆兴知府韩邈奏曰："隆兴府惟分宁产茶，他县无茶"。当时年产茶二百余万斤，"双井""黄龙"等茶皆称绝品。道光年间，宁红名声显赫。一直到光绪十八年至二十年（1892—1894年），宁红茶在国际茶叶市场上步入鼎盛时期，每年输出30万箱（每箱25千克）。光绪三十年（1904年），宁红输出达30万担。宁红采

宁红功夫茶

摘于清明前后，是采摘"福鼎大白茶"良种的一芽一叶初展精制而成的，其成茶外形紧细，金毫明显，光灿油润，冲泡后的汤色红艳光亮，杯边显金圈，香气馥郁持久，滋味醇厚。其中"宁红金毫"为宁红功夫茶之最。

岭南①，生福州、建州、韶州、象州。

【注释】

①岭南：唐贞观十道之一，今广东全部、广西大部、云南东南部、越南北部地区。

【解读】

本则中所讲岭南茶产自福州、建州、韶州、象州。

产于武夷山区的"武夷四大名枞"是福建最著名茶品的统称，其中主要包括大红袍、铁罗汉、白鸡冠、水金龟等。武夷山云雾缭绕、气候温和、雨量充沛、土壤肥沃，盛产的"奇种""单种""名枞"各具特色，被称为"岩茶之乡"。由于武夷山多深坑巨谷，茶农利用岩洼、石隙、石缝，沿边砌筑石栏，构筑"盆栽式"茶园，俗称"石座做法"。由于"岩岩有茶，非岩不茶"，岩茶因此而得名。武夷岩茶的各品种茶皆以茶树的名称命名，如肉桂茶的茶树名称即是"肉桂"，水仙茶的茶树名称就叫"水仙"。

产于福建省福鼎、政和一带的白毫银针，属于针状白芽茶，因单芽披满银白色茸毛、状似银针而得名。白毫银针是最早的一

白毫银针

种白茶，明代田艺衡的《煮泉小品》中记载："茶者以火作为次，生晒者为上，亦近自然，且断烟火气耳。"这可能就是关于古代白茶的记述。清朝嘉庆初年，福鼎用菜茶（有性群体）的壮芽为原料，创制白毫银针。约在1857年，在福鼎市，福鼎大白茶品种茶树选育繁殖成功，此后便开始用福鼎大白茶品种茶树的壮芽作为制作白毫银针的原料，后来因为菜茶的茶芽细小，不再采用。直到 1880 年政和县选育繁殖政和大白茶品种茶树成功，之后便开始采用此茶树品种制作银针。白毫银针于每年的三月下旬至清明前采摘，采其一芽一叶初展，然后剥离出茶芽，俗称"剥针"，然后只采用肥厚的茶芽制作白毫银针，经萎凋、干燥两道工序制作而成，成茶形状似针，白毫密被，色白如银，冲泡后的汤色浅黄清澈，香气清鲜，滋味醇厚爽口，叶底嫩匀完整。

产于广东省韶关、肇庆、佛山、湛江等地的广东大叶青，属于长条形黄大茶。由于广东地处南方，北回归线从省中部穿过，五岭又屏障北缘，属亚热带，热带气候温热多雨。茶园多分布在山地和低山丘陵，土质多为红壤，透水性好，非常适宜茶树生长。广东大叶青是以云南大叶种茶树的鲜叶为原料，采摘标准为一芽二、三叶。经萎凋、杀青、揉捻、闷黄、干燥

广东大叶青茶饼

等五道工序制作而成。广东大叶青虽属黄茶类，但与其他黄茶制法有所不同，要先萎凋后杀青，再揉捻、闷堆。杀青前萎凋和揉捻后闷堆的主要目的是消除青气涩味，促进香味醇和纯正。经过此工序制作而成的茶条索肥壮、紧结、重实，老嫩均匀，叶张完整，显毫，色泽青润显黄，香气纯正，滋味浓醇回甘，汤色橙黄明亮，叶底淡黄。

> 其恩（思）、播、费、夷、鄂、袁、吉、福、建、
> 韶、象十一州未详，往往得之，其味极佳。

【解读】

恩州、播州、费州、夷州、鄂州、袁州、吉州、福州、建州、韶州、象州等十一州所产的茶，陆羽当时还不大清楚，偶尔品饮，觉得味道也非常好。

虽然陆羽对西南十一州的茶不是很熟悉，但在唐代，西南地区的茶叶贸易已非常繁盛，形成了诸多大大小小的茶叶集散中心。唐人张途在《祁门县新修阊门溪记》中就曾生动地描写了茶商到祁门县茶区的繁忙景象："祁之茗，色黄而香，贾客咸议，愈于诸方，每岁二、三月，赍银缗缯素求市，将货他郡者，摩肩接迹而至。虽然其欲广市多载，不果遂也。或乘负，或肩荷，或小辙，而陆也如此。纵有多市，将泛大川，必先以轻舟寡载，就其世。"

在这一时期，我国西南地区也逐渐发展出了著名的茶马古道。茶马古道起源于"茶马互市"，是汉藏民族之间一种传统的贸易往来。唐太宗在位期间，青藏高原上的吐蕃首领松赞干布向大唐求亲。贞观十五年（641 年），唐太宗将 16 岁的文成公主嫁给松赞干布，由此开启了汉藏民族的密切交往。吐蕃藏民最早的饮茶习惯是由到过内地或得到大唐赏赐的上层人物，以及生活在藏区靠近内地的边民兴起的。因藏区属高寒地区，藏民过着以游牧为主的生活，糌粑、奶类、酥油、牛羊肉是藏民的主食。过多的脂肪不易消化，而茶叶既能够促进消化，又能防止燥热，对藏民身体健康有益，这使藏民逐

茶马古道上的茶商
　　茶马古道蜿蜒在中国西南部的横断山脉之间，一千多年来，它将云南、四川等地的茶叶输送到西藏，又将雪域高原的马匹、兽皮、藏药等特产运到内地，联系着内地与西藏的经济文化交流。

渐形成饮茶的习惯，茶叶成为生活的必需品。但由于藏区不产茶，藏汉边界地区的商人即展开以马换茶的易货贸易。

　　而从五代到宋代初年，由于内地战乱频仍，需要从藏区采购很多战马。同时，为了以茶叶贸易来加强与藏区各部落的关系，朝廷正式建立起了"以茶易马"的互市制度，使茶叶输藏成为朝廷专管的一项国策。作为茶马互市的必经之路，茶马古道也随之有了较大的拓展。为使边贸有序进行，更为了维系大宋王朝的权威，宋代还设有专门管理茶马交易的机构"检举茶监司"。由于当时藏族对茶叶已十分依赖，"嗜茶如命。如不得茶，非病即死"，控制了茶叶的供给就等于控制了藏族人的生活，因此茶马互市对维护宋朝在西南地区的安全与稳定起到了重要作用。

九
之
略

其造具，若方春禁火①之时，于野寺山园，丛手而掇，乃蒸、乃舂、乃拍，以火干之。则又棨、朴、焙、贯、棚、穿、育等七事皆废。

　　其煮器，若松间石上可坐，则具列废。用槁薪、鼎䥝之属，则风炉、灰承、炭挝、火䇲、交床等废。若瞰泉临涧，则水方、涤方、漉水囊废。若五人已下，茶可末而精者，则罗合废。若援藟②跻岩，引絙③入洞，于山口炙而末之，或纸包合贮，则碾、拂末等废。既瓢、碗、竹䇲、札、熟盂、鹾簋悉以一筥④盛之，则都篮废。

　　但城邑之中，王公之门，二十四器阙一，则茶废矣。

【注释】

①禁火：古代的风俗，即在清明前一二日禁火三天，食用冷食，称

饮茶器具

为"寒食节"。

②蔂（lěi）：藤蔓。

③絙（huán）：粗绳子。

④筥：竹筐。

【解读】

　　《九之略》说的是茶具、茶器和制茶、煮茶的省略情况，并非任何场合都要全部备齐。陆羽分别从不同条件、时间一一来说。比如，如果恰逢在春天寒食节期间制茶，采回茶以后，要先蒸，然后春捣、烘干，此时棨、朴等七种工具就可以省略。如果是在松林间，有石可坐，那么陈列架则可以省略。如果是用干柴和鼎锅烧水，那么风炉、炭挝、火筴、交床等皆可省略。如果是在泉上溪边，则水方、涤方、漉水囊等也可以省略。如果是五人以下出游，茶可碾得精细一些，就可省略罗筛了。如果要攀援藤蔓，以登险岩，或用粗绳进入山

溪边饮茶器具

洞，就应先在山口将茶烤好捣细，然后用纸或盒包装好，那么碾、拂末也可以省略。如果是瓢、碗、夹、札、熟盂、盐都用筥来装，那么都篮也可以省略。

　　不过，陆羽特别指出，如果是在大城市之中的贵族之家设茶宴，则二十四种器皿缺一不可，否则就失去了品茗的雅兴了。这一则，陆羽详述了茶艺过程的省略变通。陆羽在《茶经》中首倡品饮

《清明茶宴图》佚名（唐）

艺术，完成了从解渴式粗放型饮法向细煎慢品品饮型饮法的过渡，使饮茶成为艺术活动，开中国茶道之先河，具有划时代的意义。

茶宴是中国传统茶艺的始端，首开茶宴先河的当是以陆羽为代表的一些文人骚客。茶宴萌芽时范围还很小，只限于个别士大夫之间。事实上，茶宴因贡茶而起，当湖州紫笋茶和常州阳羡茶到了入贡之季，两州太守及专司监制贡茶的官吏便会举行盛大的茶会，共同品尝和审定贡茶的质量，久而久之便形成惯例。茶宴可谓盛况空前，白居易因不能亲临茶宴而无限惆怅，特写诗云：

> 遥闻境会茶山液，珠翠歌钟俱绕身。
>
> 盘下中分两州界，灯前合作下家春。
>
> 青娥递舞应争妙，紫笋齐尝各斗新。
>
> 自叹花时北窗下，蒲黄酒对病眼人。

《烹茶洗砚图》钱惠安（清）

　　中唐以后，茶宴开始流行，使饮茶活动不单纯是品饮活动，逐渐发展为茶艺欣赏与情感交流的一种高雅的礼仪形式。唐代文人茶宴一改南北朝时期贵族官吏大摆酒宴、浮华享乐、奢侈腐败的门阀富豪之风，提倡俭朴清廉、自然雅致的茶风。

十之图

以绢素或四幅或六幅，分布写之，陈诸座隅，则茶之源、之具、之造、之器、之煮、之饮、之事、之出、之略，目击而存，于是《茶经》之始终备焉。

【解读】

《十之图》说的是用白色绢子四幅或六幅，分别把以上九章写在上面，张挂于墙壁之上。这样，对茶的起源、制茶工具、茶的采制、烹饮茶具、煮茶方法、茶的饮用、历代茶事、茶叶产地、茶具省用，都会看在眼里，牢记于心，对《茶经》的内容可一目了然。如此，《茶经》也就完备了。